LES FERMENTATIONS

Imp. G. Saint-Aubin et Thevenot, St-Dizier (Hte-Marne), 30, passage Verdeau, Paris.

LES

FERMENTATIONS

PAR

ÉMILE BOURQUELOT

PROFESSEUR AGRÉGÉ A L'ÉCOLE SUPÉRIEURE DE PHARMACIE

DOCTEUR ÈS SCIENCES

PHARMACIEN EN CHEF DE L'HOPITAL LAENNEC

PARIS

H. WELTER, ÉDITEUR

59, RUE BONAPARTE, 59

1889

INTRODUCTION

HISTORIQUE — DÉFINITION

Le mot *fermentation* qui dérive de *fervere* (bouillir) désignait à l'origine tous les phénomènes dans lesquels on voyait une masse liquide ou pâteuse se soulever, se boursoufler en dégageant des gaz sans cause apparente ou connue (1).

Le moût de raisin qui bouillonne dans la cuve de vendange, par suite du dégagement d'acide carbonique, la pâte de pain qui se soulève lorsqu'on l'a additionnée de levain sont les plus frappants parmi ces phénomènes.

En appelant fermentation des réactions de cette sorte, on avait cherché à les rapprocher et en même temps à les distinguer par un terme particulier d'autres réactions d'origine moins obscure; telles que l'ébullition de l'eau ou encore le bouillonnement qui se produit lorsqu'on verse un acide sur de la craie.

Plus tard, on observa des phénomènes d'un autre genre dans lesquels des corps se modifiaient aussi spontanément en apparence, mais sans dégagement de gaz, sans boursouflement. On leur donna également le nom de fermentations : telles sont la transformation du vin en vinaigre, la digestion des aliments, etc. La signification première de l'expression « fermentation » s'était donc trouvée ainsi modifiée puisque le caractère commun de tous les phénomènes auxquels on l'appliquait n'était plus le bouillonnement, ni le gonflement, mais uniquement la spontanéité.

Il est certain que ce dernier caractère devait prendre une grande importance aux yeux des observateurs. Ainsi, pour ne parler que de la fermentation alcoolique des matières sucrées, on savait bien, même avant Lavoisier, qu'on pouvait la déterminer à l'aide d'une sorte de dépôt qui se forme dans tous les jus sucrés fermentés spontanément; mais dans l'ignorance où l'on était de la nature de ce dépôt, ou lui attribuait une force mystérieuse capable d'amener une production d'alcool et d'acide carbonique.

Ce caractère de spontanéité lui-même perdit dans la suite toute sa valeur.

En 1835, Cagniard-Latour (2) découvrait la nature vivante de la levûre de bière et en 1837 (3) il émettait sur le rôle de cet organisme dans la transformation du sucre en alcool et acide carbonique une opinion qu'on doit considérer comme ayant conduit à la conception moderne des fermentations. « *Les globules de levûre*, disait-il, *semblent n'agir sur une dissolution de sucre qu'autant qu'ils sont en état de vie, d'où l'on peut conclure que c'est très probablement par quelqu'effet de leur végétation qu'ils dégagent de l'acide carbonique de cette dissolution et la convertissent en une liqueur spiritueuse* ».

Cette manière de voir, formulée presqu'en même temps et d'une façon indépendante par Schwann (4) et par Kützing (5) a été définitivement établie par les travaux de Pasteur. L'intervention d'un organisme vivant dans la fermentation alcoolique est ainsi énoncée par ce dernier savant (6): « *L'acte chimique de la fermentation est essentiellement un phénomène corrélatif d'un acte vital, commençant et s'arrêtant avec ce dernier. Je pense qu'il n'y a jamais fermentation alcoolique sans qu'il y ait simultanément organisation, développement, multiplication de globules ou vie continuée, poursuivie, des globules déjà formés* ».

Et ce qui est vrai pour la fermentation alcoolique, l'est aussi comme l'a montré Pasteur, pour les fermentations lactique, butyrique, acétique. Il y a donc des fermentations dont l'apparition n'a pas pour caractère la spontanéité, puisque nous connaissons et cultivons à notre fantaisie les organismes vivants qui peuvent les déterminer. Sont-elles toutes dans le même cas? C'est ici que doit intervenir une distinction qui a été pour la première fois exposée avec précision en 1860 par Berthelot (7).

Lorsqu'on ensemence une solution de sucre de canne avec de la levûre de bière, on remarque que ce sucre se transforme en glucose et lévulose. Ce phénomène que, pour des raisons qui seront exposées plus loin, on appelle *interversion*, précède toujours la fermentation alcoolique du sucre de canne. Ce sucre n'est pas directement fermentescible; ce qui fermente en présence de la levûre, ce sont les sucres, glucose et lévulose auxquels l'interversion donne naissance.

Dubrunfaut (8) et plusieurs autres savants avaient déjà insisté sur le pouvoir inversif de la levûre de bière: mais, comme on savait que l'interversion du sucre de canne est déterminée par les acides étendus, on pensait le plus généralement que, dans le cas de la levûre, l'interversion était le fait de l'acidité de la liqueur.

Berthelot, après avoir démontré que l'interversion du sucre de canne se fait par la levûre de bière dans une liqueur alcaline, réussit à séparer de l'extrait aqueux de levûre obtenu à froid une matière azotée particulière, *soluble* dans l'eau, et dont la solution pouvait intervertir le sucre de canne. Il l'appela *ferment glucosique*. Cette matière que Béchamp séparait aussi quelques années plus tard (9) peut être précipitée par addition d'alcool de sa dissolution aqueuse. On peut ensuite la redissoudre dans l'eau et elle conserve ses propriétés. Elle n'est donc pas organisée.

On connaissait depuis longtemps des composés possédant des propriétés analogues, par exemple la diastase qui transforme l'empois d'amidon en sucre et que Payen et Persoz avaient retirée de l'orge germé en 1833 (10). Les réactions qu'ils déterminent avaient été rangées parmi les fermentations. Mais comme on ne savait pas que certaines de ces fermentations étaient produites par des êtres organisés, on ne les avait pas distingués particulièrement.

Dans le cas de l'interversion du sucre de canne, la distinction est saisissante, et Berthelot l'énonçait en ces termes : « *On voit clairement ici, disait-il, que l'être vivant n'est pas le ferment ; mais c'est lui qui l'engendre ; aussi les ferments solubles une fois produits exercent-ils leur action indépendamment de tout acte vital ultérieur ; cette action ne présente de corrélation nécessaire à l'égard d'aucun phénomène physiologique.* »

A côté des fermentations produites par des êtres organisés, il y a donc des fermentations déterminées par des corps organiques solubles, mais inorganisés. Cette distinction constitue la première notion fondamentale à laquelle ont abouti tous les travaux effectués de 1835 à 1860 sur ce sujet.

Mais la découverte de Cagniard-Latour n'a pas seulement conduit à cette distinction. Lorsque la nature vivante de certains ferments fut bien établie, on songea à observer de plus près leur développement, à étudier les conditions de leur existence et l'on dût bientôt reconnaître que ces organismes dans leurs manifestations et leurs besoins physiologiques se rapprochent des autres êtres vivants beaucoup plus qu'on ne l'avait pensé tout d'abord.

Examinons quelques-uns des faits qui justifient ce rapprochement.

Lorsqu'on met de la levûre de bière dans un liquide sucré, le sucre disparaît, et il se forme de l'alcool et de l'acide carbonique. C'était là la réaction caractéristique de la fermentation alcoolique ; elle n'est pourtant pas particulière à la levûre de bière. On peut la provoquer avec des fruits sucrés comme l'ont fait Lechartier et Bellamy (11) ou encore avec des végétaux entiers comme l'a fait Müntz (12). Il suffit pour cela de mettre ces fruits ou ces végétaux dans des conditions identiques à celles dans lesquelles se trouve la levûre qui fonctionne, c'est-à-dire à l'abri de l'air. On y arrive aisément en les maintenant dans une atmosphère d'acide carbonique ou d'azote : le sucre disparaît, de l'acide carbonique se dégage et l'on peut retirer de l'alcool des fruits et des végétaux mis en expérience. Ainsi il se trouve démontré que toutes les cellules végétales peuvent manifester des phénomènes de fermentation lorsqu'on les fait vivre dans une atmosphère privée d'oxygène.

Inversement, la levûre de bière peut, ainsi que l'a démontré Pasteur en 1861 (13) se comporter comme une plante ordinaire. En effet, lorsque la levûre est ensemencée dans un liquide organique non sucré comme l'eau de levûre et qu'on lui fournit beaucoup d'air, elle se développe, augmente de poids sans déterminer de phénomène comparable à une fermentation.

Si au lieu de considérer les produits de la réaction fermentaire, ou de comparer dans leur développement la levûre et les autres êtres vivants, on envisage les substances fermentescibles elles-mêmes, on reconnaît qu'elles sont détruites d'après les mêmes lois et par la levûre et par les tissus animaux.

En 1884, nous avons constaté, M. Dastre et moi (14), que si l'on injecte dans le système veineux ou artériel un mélange à parties égales de glucose et de maltose, en quantité telle qu'il y ait excès de ces sucres par rapport à la consommation par l'économie, on retrouve bien dans l'urine une partie des deux sucres ; mais l'égalité des proportions n'existe plus : l'un des sucres a été consommé plus rapidement que l'autre, il est plus assimilable.

La levûre n'agit pas autrement que les tissus. Lorsqu'elle se trouve dans un milieu sucré renfermant plusieurs sucres, elle les détruit avec des vitesses différentes (15). Il y a plus : si on dresse une liste des sucres fermentescibles en les rangeant d'après leur ordre de fermentescibilité et si on les dispose ensuite d'après leur ordre d'assimilabilité, on constate que pour tous ceux qui ont été étudiés jusqu'à présent, les deux ordres sont identiques.

Voici donc que la fermentation alcoolique qui était le type des réactions rangées parmi les fermentations effectuées par des êtres microscopiques organisés, rentre dans les phénomènes biologiques communs à tous les êtres vivants. Ce qui la caractérise, ce n'est plus la réaction elle-même qui peut être provoquée par d'autres êtres plus élevés en organisation ; ce ne sont plus les corps sur lesquels elle s'exerce qui ne sont pas nécessaires à la levûre pour qu'elle puisse vivre et se développer : ce sont les conditions extérieures dans lesquelles celle-ci se trouve placée.

Ces considérations n'ont évidemment de valeur absolue que pour l'organisme qui produit la fermentation alcoolique. Cependant elles s'appliquent encore dans leur signification générale à la plûpart des autres organismes regardés actuellement comme des ferments. Ces derniers sont moins connus ; ils n'ont pas été jusqu'à présent étudiés avec autant de persévérance et surtout de succès que la levûre ; mais on sait qu'ils vivent dans des milieux très variés, que si dans certains de ces milieux, ils donnent naissance à la réaction qui les avait fait ranger parmi les ferments, dans d'autres ils se développent sans la produire.

Comme on l'a dit (16), les fermentations par ferments organisés sont des actes de nutrition et les composés qui fermentent sont des aliments. Aussi conçoit-on que ces phénomènes varient dans leur grandeur, comme dans leurs résultats avec les organismes d'une part, et avec les milieux d'autre part.

Pour être logique il faudrait donc ranger dans les fermentations tous les phénomènes chimiques produits dans les êtres vivants. Mais on va voir, qu'en s'appuyant sur certains faits dont la découverte est due à Pasteur et à son école, on est fondé à distinguer un certain nombre de ces phénomènes et à leur conserver le nom de fermentations.

Nous avons vu que tout tissu, et plus généralement que toute cellule, ayant d'ordinaire des besoins d'oxygène, et pouvant lorsqu'on lui supprime ce gaz vivre encore aux dépens de la matière sucrée qu'elle a à sa disposition, devient dans ce cas un ferment alcoolique. Mais il y a une différence entre cette cellule et le globule de levûre ; c'est que celui-ci est infiniment plus apte que la cellule à faire fermenter la matière sucrée. La réaction est faible et lente avec les fruits et les végétaux devenus ferments ; elle est rapide et considérable avec la levûre. On sent que pour la levûre, faire fermenter est un acte nutritif qui lui est habituel, tandis que pour les autres cellules c'est l'exception.

Ce n'est pas tout ; comparons maintenant l'activité du ferment à celle que déploient les autres êtres vivants placés dans des conditions normales.

« Les grands végétaux sont des producteurs de matières ; ils en consomment dans toute leur existence, mais en quantité inférieure à celle qu'ils produisent. Toutefois, il y a deux moments dans leur existence où la dépense dépasse le gain, c'est au moment de la germination et à celui de la floraison.

» C'est pendant la germination que la dépense est la plus forte. C'est aussi à ce moment qu'il est le plus facile de s'en faire une idée. Une graine qui germe est une plante réduite à sa forme la plus élémentaire, dans laquelle le jeune organisme vit aux dépens des matériaux nutritifs amassés dans les cotylédons. Il se produit de l'acide carbonique, il y a dégagement de chaleur, et il se forme des tissus nouveaux. L'analogie avec les fermentations est bien manifeste (17) ».

Or d'après M. Boussingault, des graines de trèfle ou de froment ne perdent, c'est-à-dire ne consomment par jour, pendant la période germinative que 2/100 de leur poids.

Si nous passons ensuite aux infiniment petits, nous trouvons des nombres notablement plus élevés. La levûre placée dans des conditions convenables transforme en alcool et en acide carbonique jusqu'à trois fois son poids de sucre par jour, et il s'en faut que ce soit l'organisme le plus actif. Le ferment du vinaigre peut transformer par jour en acide acétique cent fois son poids d'alcool.

La puissance de destruction des ferments organisés est donc toujours supérieure à celle des autres êtres vivants.

C'est cette disproportion énorme entre le poids de l'organisme ferment et celui de la substance sur laquelle il agit qui constitue actuellement le 'caractère des fermentations. C'est elle qui permet de les réunir en un groupe qui a sa place à part parmi les phénomènes biologiques.

Il convient pourtant de faire une restriction à cet égard. Pour être mieux compris, nous avons mis en opposition des cas extrêmes. Lorsque la physiologie des êtres vivants sera mieux connue on trouvera sans doute des cas intermédiaires. On sait déjà que les champignons et surtout ceux qu'on range parmi les moisissures possèdent une énergie destructive plus puissante que les autres végétaux et doivent être rapprochés pour cela des ferments. Il n'est donc pas impossible que la limite que nous venons d'établir entre les fermentations et les autres réactions chimico-biologiques devienne de plus en plus difficile à saisir.

En réalité il faut bien admettre que dans les sciences physiologiques, il n'y a pas de phénomènes isolés, pas plus que dans les sciences naturelles il n'y a de groupes d'êtres sans affinités avec d'autres groupes.

Les classements restent toujours provisoires. Ils n'ont de valeur qu'au moment où ils sont établis. Des découvertes successives, dont on ne peut prévoir le terme, les font perfectionner suivant les besoins de la science.

C'est en nous inspirant des considérations qui précèdent et en restant dans les limites qu'elles nous imposent que nous exposerons l'histoire des fermentations. Nous ne nous occuperons d'ailleurs que de ceux de ces phénomènes qui intéressent le chimiste et le pharmacien.

On voit que cette histoire se divise naturellement en deux parties d'après la nature du ferment. Dans la première, nous traiterons *des fermentations déterminées par les ferments solubles* et dans la seconde, *des fermentations déterminées par les ferments organisés*.

PREMIÈRE PARTIE

DES FERMENTATIONS PRODUITES PAR LES FERMENTS SOLUBLES

CHAPITRE PREMIER

ORIGINE, PRÉPARATION ET COMPOSITION CHIMIQUE DES FERMENTS SOLUBLES.

§ I. — Origine des ferments solubles.

Les ferments solubles dérivent tous directement d'organismes vivants au sein desquels ils prennent naissance. On les rencontre aussi bien chez les végétaux que chez les animaux et beaucoup de ferments organisés sont de grands producteurs de ces composés (*a*).

(*a*) La ressemblance des deux expressions « *ferments organisés* et *ferments solubles* » ainsi que la production de ceux-ci par ceux-là ont fait penser depuis longtemps qu'il y avait intérêt pour la commodité du langage à remplacer la seconde par un terme qui prêtât moins à la confusion. On a proposé successivement les mots « *zymase, diastase* et *enzyme.* »

Le mot « zymase » a d'abord été employé par Béchamp en 1864 pour désigner le ferment soluble inversif sécrété par la levûre de bière (1) et appelé antérieurement par Berthelot « *ferment glucosique* » (2). Plus tard, Béchamp en a fait un terme générique équivalent à celui de « ferment soluble » (3).

Le mot « diastase » créé en 1833 (4) par Payen et Persoz désignait et désigne encore le ferment soluble extrait par ces chimistes de l'orge germé. C'est en 1876, croyons-nous, que Pasteur l'a employé pour la première fois comme terme générique (5). Il a suivi en cela les conventions adoptées en chimie organique pour désigner certains groupes de corps. On sait en effet par exemple que toute une classe de composés porte le nom d'*alcools* du nom de celui d'entre eux qui a été le premier connu. .

Quant au mot « enzyme » il a été proposé par Kühne en 1878 (6). Il a le mérite d'avoir

Aucun d'entre eux n'a été jusqu'à présent préparé artificiellement.

On les considère généralement comme des matières albuminoïdes ; mais ni leur composition chimique qui du reste est imparfaitement connue, ni la façon dont ils se comportent en présence des réactifs ne justifient complètement cette manière de voir.

Lorsqu'ils sont placés dans des conditions convenables, ils jouissent de la propriété de dissoudre, de dédoubler ou de transformer certaines substances organiques. La nature des corps sur lesquels ils exercent leur action et cette action elle-même ont permis d'en faire le classement suivant :

Ferments solubles qui déterminent :

1.	la saccharification de l'amidon	—	Diastase
2.	l'interversion du sucre de canne	—	Invertine
3.	le dédoublement des glucosides	—	Emulsine, myrosine
4.	la peptonisation des albuminoïdes	—	Pepsine, trypsine, papaïne
5.	la coagulation de la caséine	—	Présure
6.	la décomposition de l'urée	—	Uréase.

Nous allons examiner rapidement quels sont les êtres vivants qui fournissent chacun de ces ferments solubles *(a)*.

Diastase (*Amylase* de Duclaux. — *Microbiologie*) — Kirchoff (7) le premier a observé que l'orge germé renferme une matière albuminoïde capable de liquéfier l'empois d'amidon en donnant naissance à du sucre. Toutefois pour Kirchoff cette matière n'était autre chose que le gluten (1814).

En 1823, Dubrunfaut (8) reconnaissait qu'en mélangeant à de l'empois d'amidon un peu de farine de malt délayée dans de l'eau tiède et en exposant le tout pendant un quart d'heure à une température voisine de 65° on transformait l'empois en une masse sucrée fermentescible.

C'est seulement en 1833 que la substance active du malt fut

été créé spécialement et de ne prêter à aucune confusion. C'est sans doute pour cette raison qu'à l'étranger on l'emploie aujourd'hui à l'exclusion de tout autre. Comme en définitif l'accord ne paraît pas encore être fait entre les savants sur ce sujet, nous avons cru devoir conserver, malgré ses inconvénients, l'ancienne expression.

(a) Pour un certain nombre d'auteurs, il faudrait ajouter encore, formant à lui seul un septième groupe, le ferment soluble digestif des graisses dont Claude Bernard a cru démontrer l'existence dans le suc pancréatique. Ce ferment soluble jouirait de la propriété d'émulsionner les corps gras et de les saponifier. (Cl. Bernard. *Leçons de physiologie expérimentale*, t. II, p, 263). Mais les recherches de Duclaux ont rendu très problématique l'existence de ce ferment. (Duclaux ; sur la digestion des matières grasses et cellulosiques ; *Comptes rendus*, XCIV, (1882), p. 976 ; voir également : Em. Bourquelot, La digestion des matières grasses ; *J. de pharm. et de ch.*, XII, (1885), p. 580.)

isolée par Payen et Persoz (4). Ces chimistes firent voir qu'on pouvait l'obtenir en précipitant par de l'alcool une macération faite à froid d'orge germé. Ils lui donnèrent le nom de *diastase*.

Payen et Persoz ne se bornèrent pas à l'étude de l'orge germé, et dans des travaux ultérieurs ils constatèrent l'existence de la diastase dans l'avoine, le blé, le maïs et le riz en germination ainsi que dans les tubercules de pommes de terre en végétation (9).

La présence et le rôle de la diastase dans les semences amylacées ayant été mis ainsi en lumière, on devait supposer que les transformations de l'amidon dans les tissus des plantes sont dues partout à l'action de ferments analogues. Des observations nombreuses ont été faites dans ce sens et les résultats, qu'il serait superflu d'énumérer, ont été conformes aux prévisions.

On peut affirmer en résumé que la présence de la diastase est générale chez les plantes, aussi générale que la présence de l'amidon lui-même, quand bien même le ferment ne l'accompagnerait pas dans tous les cas. Il n'y a que les organes au repos, lesquels à ce moment ne présentent aucun phénomène de végétation, qui en sont quelquefois dépourvus (10).

De la diastase, ou, pour être plus précis, un ferment diastasique, c'est-à-dire agissant à la manière de la diastase, se rencontre également chez les animaux. C'est Leuchs qui le premier en 1831 (11) a reconnu que la salive possède la propriété de saccharifier l'empois d'amidon, et, en 1845, Miahle (12) réussissait à extraire de ce liquide une substance comparable à la diastase de l'orge germé. Il l'appela *diastase salivaire*, nom préférable à celui de *ptyaline* qu'on lui donne quelquefois et que Berzélius avait créé pour désigner une substance albuminoïde retirée de la salive, il est vrai, mais dénuée de propriétés fermentaires (13).

La même année, Bouchardat et Sandras constataient que le suc pancréatique renferme également un ferment diastasique (14) et depuis lors on en a retrouvé dans le foie, dans l'urine etc. (3). La présence de ferment diastasique est donc aussi générale chez les animaux que chez les végétaux.

Invertine (*Sucrase* de Duclaux. — *Microbiologie*). Ce ferment, isolé pour la première fois par Berthelot (2) en 1860, avait été nommé par ce savant « *ferment glucosique* ». En 1864 Béchamp (1), l'appela *zymase*, nom qu'il remplaça bientôt par celui de *zythozymase*. Le nom d'invertine lui a été donné par Donath en 1875 (15).

Le sucre de canne n'est pas directement assimilable par les animaux. Injecté dans les veines ou dans les artères, on le retrouve en totalité dans les sécrétions. Lorsqu'il passe par les voies digestives, il est au contraire assimilé. C'est que l'intestin grêle (16) renferme de l'invertine qui le transforme en glucose et lévulose ; sucres qui sont assimilables. La présence de ce ferment a été constatée dans l'intestin des chiens, des lapins, des oiseaux, des grenouilles, des poissons, des vers à soie. Elle n'est cependant pas générale car on ne trouve pas d'invertine dans le tube digestif des mollusque céphalopodes (17).

Le sucre de canne n'est pas non plus assimilable par les végétaux. Il constitue pour beaucoup d'entre eux une réserve nutritive qui doit être utilisée à un moment déterminé.

Cette utilisation se fait surtout lorsque la plante fleurit et fructifie. C'est alors que l'invertine apparaît dans ses tissus, et que le sucre se transforme en composés qui participent au mouvement nutritif de la plante. L'existence du ferment inversif dans les végétaux dépend donc à la fois de la présence et de l'utilisation du sucre de canne.

On retrouve une relation analogue dans la végétation de la plupart des moisissures ou des levûres qui vivent dans une solution de sucre de canne, celles-ci secrètent habituellement de l'invertine.

Emulsine. En 1830 (18) Robiquet et Boutron retirèrent des amandes amères un composé cristallisé qu'ils nommèrent *amygdaline*. Ils admettaient que ce corps devait, dans certaines conditions, donner naissance à l'essence d'amandes amères qui ne préexiste pas dans les amandes.

Mais la question ne fut élucidée que sept ans plus tard par Liebig et Wœhler (19). Ces chimistes constatèrent que l'amygdaline est bien le corps, qui, comme l'avaient supposé Robiquet et Boutron, fournit par sa décomposition de l'essence d'amandes amères, mais ils découvrirent en outre que cette décomposition se fait en présence de l'eau sous l'influence de la matière albuminoïde de l'amande qu'ils appelèrent *émulsine*, et enfin, qu'avec l'essence il se formait dans la réaction, du glucose et de l'acide cyanhydrique.

Liebig et Wœhler avaient comparé l'action de l'émulsine sur l'amygdaline à celle de la levûre sur le sucre. Robiquet en 1838 la rapprocha avec plus de raison de celle de la diastase sur l'amidon

et proposa de l'appeler *synaptase* (19 bis) ; mais c'est le nom d'é-
mulsine qui a prévalu.

L'émulsine se rencontre aussi bien dans les amandes douces que
dans les amandes amères ; mais ces dernières seules renferment
de l'amygdaline. Les deux corps sont dans des cellules distinctes
et ne peuvent réagir l'un sur l'autre que lorsque une action mé-
canique et une dissolution les mettent en contact intime.

L'émulsine n'agit pas seulement sur l'amygdaline mais encore sur
un grand nombre de glucosides : la salicine, l'hélicine, la phlori
zine, l'arbutine etc. Tous les végétaux qui renferment de l'amygdaline ou l'un de ces glucosides contiennent-ils de l'émulsine ?
La seule observation digne d'être relatée que nous ayons sur ce
sujet est celle de Simon de Berlin (20) qui a retiré des feuilles de
laurier-cerise épuisées par l'alcool, séchées et reprises par l'eau,
une matière susceptible de décomposer l'amygdaline cristallisée.
Il paraît cependant assez vraisemblable que l'émulsine est plus ré-
pandue.

Myrosine. Lorsqu'on délaie de la farine de moutarde noire dans
de l'eau froide ou tiède, il se développe une odeur très vive d'essence
de moutarde. L'essence de moutarde ne préexiste pas dans les
graines, elle se forme par la réaction d'un ferment soluble qui a
été découvert par Bussy (21) et appelé par lui *myrosine* sur une
substance cristallisable : le *myronate de potasse* qu'on désigne
encore sous le nom de *Sinigrine.* Outre l'essence de moutarde, il
se forme du glucose et du bisulfate de potasse. La myrosine
paraît exister dans toutes les graines de crucifères.

Pepsine et *trypsine.* Le premier de ces ferments se rencontre
dans le suc gastrique des animaux supérieurs et le second dans le
suc pancréatique. Ils contribuent tous les deux à la digestion des
matières protéiques.

Le nom de pepsine a été créé par Schwann (22) et celui de trypsine par Kühne (23). Duclaux a proposé de remplacer ce dernier
par le mot caséase (27).

On désigne sous le nom de *peptones* (24) les produits qui résultent de l'action des deux ferments sur les matières albuminoïdes.
Miahle avait appelé *albuminoses* les produits de la digestion pepsique.

La pepsine et la trypsine se rencontrent presqu'exclusivement
chez les animaux. Ces ferments sont sécrétés par des glandes diffé-

rentes. Cependant leur présence simultanée dans la sécrétion d'une même glande a été constatée chez quelques invertébrés (25). Il convient d'ajouter que ces derniers ne possèdent à proprement parler, qu'une seule glande digestive. Enfin quelques observateurs ont signalé l'existence de la pepsine dans la muqueuse de l'intestin (26).

La pepsine a été trouvée dans un certain nombre de semences ainsi que dans les organes glandulaires des plantes dites carnivores (Drosera, Nepenthes). Quant à la trypsine elle n'a pas été rencontrée chez les végétaux sauf dans la sécrétion de quelques organismes inférieurs (27).

Mais on a trouvé dans le suc laiteux du Carica papaya et du figuier ordinaire un ferment soluble qui s'en rapproche par son mode d'action. On lui a donné le nom de *papaïne* (28).

D'une façon générale, chez les végétaux, les ferments solubles des albuminoïdes sont beaucoup plus rares que la diastase. Ce fait est évidemment en rapport avec la nature des matériaux que les plantes tiennent en réserve et qu'elles utilisent. Ceux-ci sont surtout des hydrates de carbone ; quelquefois seulement et en petites quantités des matières protéiques.

Présure. Ce ferment qui détermine la coagulation de la caséine du lait et qui joue un grand rôle dans la fabrication des fromages se rencontre surtout dans les glandes gastriques des animaux. On l'a également signalé dans l'intestin grêle (26).

Quant aux faits tendant à établir la présence de la présure chez les grands végétaux, ils sont peu nombreux et pour la plupart incertains. Il ne semble pas en effet que l'on se soit préoccupé dans ces sortes de recherches de l'intervention possible des champignons inférieurs dont quelques-uns, comme Duclaux l'a démontré, produisent abondamment ce ferment soluble. Toutefois son existence dans les fonds d'artichauts signalée autrefois par Bouchardat et Quevenne a été confirmée récemment par Ad. Mayer (29) et par Baginsky (26). Ce dernier l'a aussi rencontrée dans le suc de Carica papaya.

Uréase. En 1862, Pasteur (30) avait remarqué que dans les urines devenues ammoniacales on rencontre d'une façon constante un micro-organisme se présentant sous la forme de petits corpuscules arrondis réunis en chapelet et il avait annoncé, que la fermentation ammoniacale de l'urine, c'est-à-dire la transformation de l'urée en carbonate d'ammoniaque devait être produite par ce petit végétal. Cette manière de voir a été pleinement confirmée en 1864 par les recherches de Van Tieghem (31). En 1876, Musculus est venu compléter nos connaissances sur ce point ; il a constaté qu'on pouvait retirer des urines ammoniacales un ferment soluble qui, en l'absence de tout corps organisé, peut déterminer la fermentation de l'urée (32). C'est à ce ferment que je donne le nom d'*uréase*. D'après Pasteur et Joubert il est sécrété par le petit ferment organisé de l'urée (32) (*a*).

§ II. — Préparation des ferments solubles.

On ne connaît pas encore de procédé permettant d'obtenir les ferments solubles à l'état de pureté. Ceux que l'on emploie reposent sur ce que ces corps sont précipités par l'alcool de leur dissolution aqueuse ou sur la propriété qu'ils possèdent d'être entraînés par certains précipités dont on détermine la formation au sein des liquides qui les renferment.

Comme les ferments solubles sont toujours retirés de liquides organiques, et comme ceux-ci contiennent d'autres composés précipitables par l'alcool, des albuminoïdes ou certains hydrates de carbone par exemple, on comprend que le précipité obtenu soit un mélange de corps divers. On a proposé de purifier le produit en le précipitant plusieurs fois à l'aide de l'alcool de ses dissolutions aqueuses. Mais on a observé qu'en opérant ainsi on finis-

(*a*) *Ferments solubles peu connus.* Nous devons encore signaler quelques ferments solubles dont l'existence n'est pas entièrement démontrée, ou dont l'étude est encore incomplète.

Pectase. Suivant Fremy on rencontrerait dans les fruits verts et dans certaines racines (carottes, navets, etc.) un principe immédiat analogue à la cellulose, mais s'en distinguant en ce qu'il possède la propriété d'être transformé pendant la maturation en *pectine.* Il a donné à ce principe le nom de *pectose.* La pectine est un principe neutre, soluble dans l'eau, à laquelle elle communique de la viscosité. Sous l'influence d'un ferment soluble, la *pectase*, qui l'accompagne dans les fruits et les racines, elle se change en *acide pectosique et pectique.* Comme ces deux acides sont insolubles et gélatineux, il en résulte qu'une solution aqueuse de pectine se prend en gelée en présence de la pectase (fermentation pectique) (34).

Érythrozyme. D'après Schunk la racine de garance fraîche renfermerait à la fois un ferment soluble *l'érythrozyme*, et de l'alizarine sous forme de glucoside (*Rubian*). Dès que la garance convenablement divisée est délayée dans l'eau, le ferment dédouble ces glucosides en donnant du glucose et de l'alizarine ou de la purpurine (35).

Ferment de l'inuline. Green aurait rencontré dans les fonds d'artichauts un ferment soluble capable de saccharifier l'inuline (36).

sait par aboutir à des préparations inactives. Cela tient en partie à ce que ces ferments ne sont pas entièrement insolubles dans l'alcool, et qu'on en enlève à chaque manipulation.

Quoi qu'il en soit, l'emploi ménagé de l'alcool, pour précipiter les ferments solubles donne pour quelques-uns d'entre eux de bons résultats. On le recommande surtout pour la préparation de la diastase.

D'après J. Lintner (37) on obtient une diastase très active en opérant ainsi qu'il suit. On fait digérer pendant 24 heures une partie de malt frais ou desséché à l'air dans 2 à 4 parties d'alcool à 20°. On exprime pour retirer le liquide et on ajoute à celui-ci le double de son volume d'alcool absolu. Il se forme un précipité qui se rassemble en flocons blanc jaunâtre qui ne tardent pas à tomber au fond du vase. Il est inutile d'employer à cette précipitation une plus grande proportion d'alcool ; on n'augmenterait pas beaucoup le précipité, et ce qu'on ajouterait serait constitué uniquement par une substance gommeuse inerte.

Après un repos suffisant on essore rapidement sur un filtre, on enlève le produit, on le triture dans un mortier avec de l'alcool absolu et on filtre de nouveau. Finalement on lave à l'éther et on dessèche dans le vide sur l'acide sulfurique. Ce dernier lavage permet d'obtenir la diastase sous la forme d'une poudre légère presque blanche ; s'il était incomplet, la préparation se foncerait sous l'action de l'air et prendrait une consistance cornée nuisible à son emploi.

On peut encore redissoudre cette poudre dans l'eau, et la précipiter ensuite par l'alcool absolu comme il vient d'être dit ; on la débarrasse ainsi de quelques matières étrangères qui sont devenues insolubles pendant la première précipitation. Mais il n'y a pas profit à répéter cette manipulation, car on diminue le rendement du ferment sans augmenter son activité.

On a fait diverses tentatives pour obtenir une diastase chimiquement pure soit en modifiant le procédé, soit en faisant subir au produit des purifications ultérieures ; ces tentatives n'ont pas donné de bons résultats.

C'est ainsi que Payen et Persoz, avant d'ajouter l'alcool à la macération de malt, portaient celle-ci à 70°, supposant précipiter par là les matières albuminoïdes proprement dites : mais il résulte des recherches de Lintner, que de la diastase préparée par précipitation à l'aide de l'alcool, et soumise à ce traitement, donne un produit qui ne possède plus que le 1/8 environ de l'activité de la diastase primitive. Cet affaiblissement trouvera son explication lorsque nous traiterons de l'influence des agents physiques sur les ferments solubles.

On a également proposé, pour purifier la diastase, de la dissoudre dans l'eau et de précipiter les matières albuminoïdes par le sous-acétate de plomb. Le liquide filtré débarrassé du plomb par l'hydrogène sulfuré, puis filtré de nouveau et enfin additionné d'alcool en quantité suffisante donnerait un produit pur. C'est en réalité le procédé qui a été employé par Würtz pour purifier la papaïne (38). Mais en ce qui concerne la diastase il doit être rejeté. C'est du moins ce qui ressort des expériences de Lintner.

Pour d'autres ferments solubles que la diastase, il peut cependant être avantageux de modifier dans quelques détails le procédé opératoire que nous venons de décrire, surtout si l'on a seulement en vue l'obtention d'un produit commercial convenablement actif. Ainsi pour l'extraction de la présure des caillettes de veau, la macération dans l'eau ne suffit pas, ces organes que l'on emploie après les avoir desséchés étant difficilement pénétrables par ce liquide. On peut alors, ainsi que le conseille Soxhlet (39) se servir, en place d'eau pure, d'eau tenant en dissolution du sel marin (3 à 6 0/0). Comme, même dans ce cas, l'extraction ne se fait que très lentement (5 jours) et s'accompagnerait d'une fermentation putride, on ajoute au liquide une certaine proportion d'acide borique (4 0/0) qui empêche le développement des organismes de la putréfaction. Le produit filtré constitue une solution de présure commerciale très active, dont on peut d'ailleurs précipiter le ferment à l'aide de l'alcool.

Dans le procédé de A. Petit pour la préparation de la pepsine on se contente de faire macérer la muqueuse stomacale dans 4 fois son volume d'eau distillée renfermant 4 centièmes d'alcool. Après 4 heures de macération on filtre, et on évapore, à une température qui ne doit pas dépasser 40 degrés, dans des vases à large surface (40).

On voit que Petit n'a pas recours à la précipitation par l'alcool ; c'est qu'il a été reconnu que le contact de l'alcool fort avec certains ferments solubles les affaiblit rapidement. Il en est ainsi pour la présure (41) et surtout pour l'invertine (29, p. 12). Aussi lorsque le recours à l'alcool ne peut être évité, convient-il d'employer le moins d'alcool possible et de hâter les manipulations.

Citons enfin l'emploi de la glycérine qui, d'après Wittich (42), remplacerait avantageusement l'eau pour enlever aux tissus animaux et même aux tissus végétaux les ferments qu'ils renferment.

Quant aux procédés de préparation des ferments solubles qui reposent sur l'entraînement de ces composés par les précipités qu'on forme en leur présence, ils n'offrent guère qu'un intérêt théorique. Les manipulations qu'ils nécessitent sont assez délicates ; aussi n'ont-ils servi jusqu'à présent que pour essayer d'obtenir des ferments à l'état de pureté.

Nous indiquerons seulement, parmi ces procédés, celui qui a été proposé par Brücke en 1861 (43) pour la préparation de la pepsine. On fait macérer la muqueuse de l'estomac à 38° dans de l'eau renfermant 5/100 d'acide phosphorique. Il se produit une véritable digestion et la muqueuse se dissout presqu'entièrement. On filtre et on ajoute au liquide de l'eau de chaux jusqu'à neutralisation presque complète. Le précipité de phosphate de chaux qui se forme, entraîne la pepsine. On le sépare et on le redissout à l'aide d'acide chlorhydrique dilué. Pour enlever la pepsine de ce liquide acide on l'additionne d'une solution éthéro-alcoolique de cholestérine ; le ferment se précipite avec la cholestérine. Enfin on jette ce nouveau précipité sur un filtre et après l'avoir lavé on le traite par l'éther qui dissout la cholestérine et laisse la pepsine sous la forme d'une solution aqueuse qui occupe le fond du vase.

§ III. — Propriétés et composition chimique des ferments solubles.

Lorsque les ferments solubles ont été convenablement préparés, ils se présentent sous la forme d'une poudre blanche amorphe soluble dans l'eau. La solution se trouble plus ou moins, mais toujours faiblement, par la chaleur. Elle précipite par l'alcool.

Ce sont là les seuls caractères physiques ou chimiques qu'on peut regarder comme communs à tous les ferments solubles. La propriété de précipiter par certains réactifs généraux des albuminoïdes, le tannin, le sublimé, le sous-acétate de plomb qu'on croyait autrefois appartenir à ces composés, n'existe plus lorsque le produit a été purifié ou pour être plus exact lorsqu'il a été obtenu par une autre méthode. Nous avons même vu l'un de ces réactifs, le sous-acétate de plomb, employé pour .débarrasser certains ferments des impuretés qu'ils renferment.

La vérité est, comme nous l'avons déjà dit, qu'on ne connaît pas les ferments solubles à l'état de pureté. De là les variations dans les propriétés chimiques qu'on leur attribue, propriétés qui, après tout, ne sont peut-être que celles des substances étrangères avec lesquelles ils sont mélangés. Cette proposition ressort encore davantage à l'examen du tableau suivant dans lequel se trouvent rassemblées les principales analyses élémentaires qui ont été faites des ferments solubles.

	Carbone	Hydrogène	Azote	Soufre	Cendres	Auteurs
Diastase...	45.63	6.9	4 .57	0	6.08	Krauch.
id.	—	—	7 à 8	—	—	Dubrunfaut.
Invertine..	43.9	8.4	6	0.63	—	Barth.
id.	40.5	6.9	9 5	—	—	Donath.
id.	—	—	4 3	—	—	Ad. Mayer.
Émulsine..	43.06	7.2	11 52	1.25	—	Bull.
id.	48.8	7.1	14 20	1.3	—	Aug. Schmidt.
Papaïne...	52.19	7.12	16 40	—	4.22	Wurtz.

Comme on le voit, ces analyses sont loin de concorder entre elles. Le chiffre qui représente les proportions d'azote varie en particulier dans des limites très étendues. Dans le cas où il est le plus élevé, la composition élémentaire du produit se rapproche de celle des matières albuminoïdes ; dans le cas où il est le plus faible, la proportion d'azote tend vers O. De là deux opinions diamétralement opposées sur les résultats possibles d'une purification complète des ferments solubles. Pour les uns cette purification doit conduire à des corps possédant la composition des albuminoïdes, pour les autres elle doit mener à des composés sans azote. C'est ainsi que tout récemment, Lintner appliquait à la diastase la première hypothèse, tandis que Hirscheld concluait de ses recherches que ce même ferment doit-être un hydrate de carbone, une sorte de matière gommeuse (44).

Il n'y a en résumé qu'une conclusion à tirer de ces faits, c'est qu'il ne faut pas chercher la caractéristique des ferments solubles dans leur composition chimique. Comme nous allons le montrer dans les chapitres suivants, elle est tout entière dans les réactions qu'ils déterminent et dans les lois qui régissent ces réactions.

CHAPITRE II

DES PROCESSUS CHIMIQUES DÉTERMINÉS PAR LES FERMENTS SOLUBLES. — SPÉCIFICITÉ DE CES FERMENTS.

Dans toutes les fermentations déterminées par les ferments solubles, il y a fixation d'eau sur le corps qui fermente et décomposition de celui-ci en deux ou plusieurs corps nouveaux. Mais l'allure du phénomène varie avec les fermentations.

Dans certains cas, la réaction paraît en quelque sorte se faire d'emblée, non pas sur la totalité, mais sur des portions successives du corps fermentescible. Si on analyse le mélange dans le courant de la fermentation on constate qu'il ne renferme, outre ce qui reste du corps non attaqué, que les produits définitifs de la fermentation.

Dans d'autres cas la formation des produits ultimes de la réaction est précédée par l'apparition de composés intermédiaires. La molécule primitive éprouve des modifications successives jusqu'au moment où les corps qui en dérivent sont indécomposables en présence du ferment.

Cette différence dans le mode d'action des ferments solubles permet de les partager en deux groupes. L'un comprendrait l'*invertine*, l'*émulsine*, la *myrosine* et l'*uréase ;* l'autre, la *diastase*, la *pepsine*, la *trypsine*, la *papaïne* et très probablement la *présure* (a).

Invertine. On ne connaît actuellement qu'un seul composé sur

(a) Cette division qui sépare les fermentations les plus simples des fermentations les plus complexes, ne doit être considérée que comme provisoire. Quelques-uns des faits sur lesquels elle repose sont encore controversés, et il n'est pas impossible que telle fermentation qui aujourd'hui rentre dans ce premier groupe ne doive être rangée ultérieurement dans le second.

lequel ce ferment soluble exerce son action : c'est le sucre de canne ou saccharose.

Lorsqu'on ajoute de l'invertine à une solution aqueuse de sucre de canne on constate après un temps suffisant que ce sucre est remplacé par un mélange à parties égales de glucose et de lévulose qui porte le nom de sucre interverti. On l'a appelé ainsi pour exprimer que la solution qui déviait primitivement à droite la lumière polarisée a acquis la propriété de dévier à gauche. L'action de l'invertine peut être représentée par l'équation suivante :

$$\underbrace{C^{24} H^{22} O^{22}}_{\text{Saccharose}} + H^2 O^2 = \underbrace{C^{12} H^{12} O^{12}}_{\text{Glucose}} + \underbrace{C^{12} H^{12} O^{12}}_{\text{Lévulose}}$$

Le pouvoir rotatoire du lévulose étant lévogyre et beaucoup plus élevé que le pouvoir rotatoire dextrogyre du glucose, on s'explique aisément le changement observé dans les propriétés optiques de la solution.

Émulsine. L'émulsine détermine la fermentation d'un assez grand nombre de composés qui appartiennent tous à la classe des glucosides. L'une de ces fermentations est particulièrement intéressante au point de vue pharmaceutique ; c'est celle de l'amygdaline dont on tire parti dans la préparation de l'huile essentielle d'amandes amères et dans celle de l'eau distillée de feuilles de laurier-cerise.

Nous avons déjà dit que les amandes amères renferment à la fois de l'amygdaline et de l'émulsine. Pour que l'émulsine agisse sur le glucoside, il faut que ces deux corps soient en solution aqueuse. On mélange donc avec de l'eau froide la poudre d'amandes amères dont on a exprimé l'huile, on laisse macérer un temps suffisant pour que la fermentation soit terminée et on distille à la vapeur. Le dédoublement de l'amygdaline se fait d'après l'équation suivante :

$$\underbrace{C^{40} H^{27} Az\, O^{22}}_{\text{Amygdaline}} + 2\, H^2 O^2 = \underbrace{2\, C^{12} H^{12} O^{12}}_{\text{Glucose}} + \underbrace{C^{14} H^6 O^2}_{\text{Ess. d'am. am.}} + \underbrace{H\, C^2 Az}_{\text{Ac. cyanhydriq.}}$$

L'acide cyanhydrique qui se forme en même temps que l'essence d'amandes amères étant volatil, il en passe à la distillation et l'essence doit être ultérieurement purifiée.

C'est une réaction semblable qui donne naissance à l'essence d'amandes amères et à l'acide cyanhydrique que contient l'eau distillée de feuilles de laurier-cerise. Ces composés ne préexistent pas dans les feuilles; celles-ci renferment un principe analogue à l'amygdaline, l'amygdaline amorphe de Winckler (45) appelée par Lehmann (46) *laurocérasine* ainsi que de l'émulsine.

Dans la préparation de l'eau de laurier-cerise, les feuilles fraîches sont incisées, contusées et additionnées d'eau, après quoi on distille. Ce n'est qu'au moment où le glucoside et le ferment sont en solution dans l'eau que la décomposition de la laurocérasine a lieu.

En ce qui concerne les autres réactions déterminées par l'émulsine, il nous suffira de les citer.

Avec la *salicine* (glucoside saligénique) l'émulsine donne en présence de l'eau du glucose et de la saligénine.

$$\underbrace{C^{12} H^{10} O^{10} (C^{14} H^8 O^4)}_{\text{Salicine}} + H^2 O^2 = C^{12} H^{12} O^{12} + \underbrace{C^{14} H^8 O^4}_{\text{Saligénine}}$$

Avec l'*hélicine* (glucoside de l'aldéhyde salicylique) on a du glucose et de l'aldéhyde salicylique.

$$\underbrace{C^{12} H^{10} O^{10} (C^{14} H^6 O^4)}_{\text{Hélicine}} + H^2 O^2 = C^{12} H^{12} O^{12} + \underbrace{C^{14} H^6 O^4}_{\text{Aldéh. salicylique}}$$

L'émulsine dédouble encore un certain nombre de dérivés des corps précédents. Tels sont les dérivés de substition chlorés et bromés de la salicine. Il se fait du glucose et un dérivé chloré ou bromé de la saligénine.

L'*esculine,* glucoside esculétique retiré de l'écorce du maronnier d'Inde donne naissance à du glucose et à de l'esculétine.

$$\underbrace{C^{12} H^{10} O^{10} (C^{18} H^6 O^8)}_{\text{Esculine}} + H^2 O^2 = C^{12} H^{12} O^{12} + \underbrace{C^{18} H^6 O^8}_{\text{Esculétine}}$$

La *daphnine,* glucoside isomère du précédent (Rochleder) qu'on retire de l'écorce du Daphne Mézereum L. est également dédoublée par l'émulsine.

$$\underbrace{C^{12} H^{10} O^{10} (C^{18} H^6 O)}_{\text{Daphnine}} + H^2 O^2 = C^{12} H^{12} O^{12} + \underbrace{C^{18} H^6 O^8}_{\text{Daphnétine}}$$

Citons encore : l'*arbutine* qui donne du glucose et de l'hydroquinon.

$$\underbrace{C^{12}\ H^{10}\ O^{10}\ (C^{12}\ H^{6}\ O^{4})}_{\text{Arbutine}} + H^{2}\ O^{2} = C^{12}\ H^{12}\ O^{12} + \underbrace{C^{12}\ H^{6}\ O^{4}}_{\text{Hydroquinon}}$$

et enfin la *coniférine*, glucoside de l'alcool coniférylique que l'on retire du cambium des Larix.

$$\underbrace{C^{12}\ H^{10}\ O^{10}\ (C^{20}\ H^{12}\ O^{6})}_{\text{Coniférine}} + H^{2}\ O^{2} = C^{12}\ H^{12}\ O^{12} + \underbrace{C^{20}\ H^{12}\ O^{6}}_{\text{Alc. coniférylique}}$$

Dans toutes les réactions que produit l'émulsine il se forme un glucose. Ce glucose est-il toujours le glucose ordinaire ou dextrose ? Il semble qu'on puisse l'affirmer pour l'amygdaline (Hesse) (47), pour la coniférine (Tiemann et Haarmann (48), et pour la salicine et l'hélicine (Piria) (49); mais pour les autres glucosides ce point n'a pas été élucidé jusqu'à présent.

Myrosine. Ce ferment soluble est aussi important en pharmacie que l'émulsine.

La graine de moutarde noire contient simultanément de la myrosine et une sorte de glucoside salin, le myronate de potasse ou sinigrine (50) Lorsque le myronate de potasse vient à être soumis en présence de l'eau à l'action de la myrosine, le premier de ces principes se dédouble en donnant, entre autres composés, de l'essence de moutarde ou éther allylsulfocyanique.

Il est donc indispensable, lorsqu'on veut préparer de l'essence de moutarde naturelle, de délayer la poudre de moutarde noire dans l'eau froide, et de laisser macérer un certain temps avant de procéder à la distillation. Will et Kœrner (51) représentent le dédoublement du myronate de potasse par l'équation suivante :

$$\underbrace{C^{20}\ H^{18}\ K\ Az\ S^{4}\ O^{20}}_{\text{Myr. de potasse}} = C^{12}\ H^{12}\ O^{12} + \underbrace{C^{6}\ H^{4}\ (C^{2}\ Az\ HS^{2})}_{\text{Essence de moutarde}} + \underbrace{S^{2}\ H\ K\ O^{8}}_{\text{Bis. de potas.}}$$

Cette équation ne comporte pas l'intervention de l'eau ; mais peut-être ne doit-on pas la considérer comme définitive, car la constitution de l'acide myronique n'est qu'imparfaitement connue, et les produits de la fermentation n'ont pas encore été déterminés quantitativement.

Comme nous le savons déjà, la myrosine se rencontre aussi dans la graine de moutarde blanche. Celle-ci renferme en outre un glucoside, la *sinalbine*, qui a été obtenu pur et cristallisé par Will (50). La sinalbine est décomposée par la myrosine en présence de l'eau. La réaction est analogue à celle qui se produit avec le myronate de potasse. Il se forme du glucose, du sulfate acide de *sinapine* au lieu de sulfate acide de potasse et en place de l'éther allylsulfocyanique, un liquide oléagineux, d'une odeur pénétrante et possédant des propriétés vésicantes, lequel serait un éther orthoxybenzyl-sulfocyanique?

$$\underbrace{C^{60}H^{44}Az^2S^4O^{32}}_{\text{Sinalbine}} = C^{12}H^{12}O^{12} + C^{14}H^6O^2(C^2AzHS^2) + \underbrace{C^{32}H^{28}AzO^{10}S^2H^2O^8}_{\text{Sulfate acide de sinapine}}$$

Le glucose qui prend naissance dans les deux réactions précédentes est du glucose ordinaire ou dextrose.

Uréase. Sous l'influence de l'uréase et en présence de l'eau, l'urée se change en acide carbonique et ammoniaque d'après l'équation suivante :

$$\underbrace{C^2 H^4 Az^2 O^2}_{\text{Urée}} + H^2 O^2 = 2 AzH^3 + C^2O^4$$

Diastase. Lorsque les graines, les tubercules, les bourgeons chargés d'amidon passent de la vie latente à la vie manifestée, on voit les grains d'amidon se corroder, se dissoudre dans les cellules et finalement y être remplacés par de la matière sucrée.

Nous avons admis, dans le chapitre précédent, que cette saccharification se produit sous l'influence de la diastase qui à ce moment est toujours présente dans les tissus. Mais, si, voulant étudier le phénomène en dehors des cellules, on ajoute à des grains d'amidon délayés dans de l'eau de la diastase préparée artificiellement ou encore de la salive, on est tout étonné de constater qu'à la température ordinaire ces grains restent intacts. La plus ancienne, sinon la plus intéressante, des observations que nous ayons à cet égard est celle de Guérin-Varry (52). Ce chimiste avait placé une solution d'extrait de malt mélangée à de la fécule de pommes de terre dans un vase bouché et abandonné le tout à la température de 20 à 26° C. Au bout de 63 jours, le liquide ne renfermait pas trace de sucre, et les grains de fécule ne présentaient aucun changement. Il en avait conclu que la diastase ne joue aucun rôle dans le processus de dissolution des grains d'amidon dans les semences en germination.

Il y a là une contradiction qui n'est qu'apparente et dont on peut donner dès à présent l'explication. Il est certain qu'au moment où les grains d'amidon sont dissous dans les cellules, le protoplasma est légèrement acide. Or Baranetzky (53) a montré qu'une très faible acidité est nécessaire pour que la diastase attaque l'amidon *cru*. En prenant la précaution d'aciduler très légèrement la solution de diastase dont il se servait, il a pu constater l'action dissolvante du ferment sur un grand nombre de grains d'amidon et même sur les plus résistants comme ceux de riz et de pomme de terre.

Quoiqu'il en soit, l'action la mieux étudiée de la diastase est celle que ce ferment exerce dès la température ordinaire sur l'amidon, préalablement transformé en empois à l'aide de l'eau et de la chaleur. Quand la proportion d'eau n'est pas trop considérable, l'empois se présente sous la forme d'une gelée plus ou moins transparente. Lorsque on l'additionne d'une solution de diastase, la masse se désagrège, se dissout et se transforme en un liquide sucré, clair ou très faiblement opalescent. Au commencement de la réaction, le produit additionné d'eau iodée se colore en bleu; un peu plus tard, traité de la même façon il prend une teinte bleu-violacée. On a ensuite du violet, puis du rouge, du jaune et en dernier lieu l'addition d'eau iodée ne détermine plus de coloration.

Lorsque la fermentation diastasique est terminée, l'amidon se trouve remplacé par deux corps nouveaux: *maltose* et *dextrine*.

Le maltose est un sucre cristallisable appartenant au groupe des saccharoses. Sa formule est donc $C^{24} H^{22} O^{22}$. Son pouvoir rotatoire $\alpha D = + 138°,4$ et son pouvoir réducteur est égal aux 61/100 du pouvoir réducteur du glucose.

La dextrine est une substance non cristallisable, non réductrice, fortement dextrogyre $(\alpha j = + 216°)$ (54). Elle ne donne pas de coloration avec l'iode et elle est inattaquable par la diastase. Elle a la même composition élémentaire que l'amidon.

A n'envisager que le terme de la saccharification, on peut formuler la réaction très simplement :

$$2 (C^{24} H^{20} O^{20}) + H^2 O^2 = C^{24} H^{20} O^{20} + C^{24} H^{22} O^{22}$$

$$\underbrace{\phantom{2 (C^{24} H^{20} O^{20})}}_{\text{Amidon}} \qquad \underbrace{\phantom{C^{24} H^{20} O^{20}}}_{\text{Dextrine}} \quad \underbrace{\phantom{C^{24} H^{22} O^{22}}}_{\text{Maltose}}$$

Mais le phénomène est plus complexe. Si dans le courant d'une fermentation on prélève de temps en temps des échantillons de la matière et si on les analyse, on trouve encore et toujours du maltose. Seulement les produits qui l'accompagnent, diffèrent de la dextrine qui reste en dernier lieu.

Ils sont incristallisables, précipitables par l'alcool, fortement dextrogyres et peuvent tous donner naissance à du maltose lorsqu'on les soumet à l'action de la diastase. Ils se distinguent du reste entre eux par les proportions de maltose qu'ils peuvent fournir dans ces conditions. Enfin ils se comportent différemment en présence de l'eau iodée ; les uns se colorant et les autres ne se colorant pas lorsqu'on les traite par ce réactif.

En réalité, on a là une série de corps, qui sont des dextrines au même titre que la dextrine que nous avons considérée tout d'abord, car elles en ont la composition élémentaire. Brücke (55) les a partagées en deux groupes. Aux unes, celles qui sont colorées par l'iode, il a donné le nom d'*érythrodextrines*, aux autres, celles qui ne se colorent pas, le nom d'*achroodextrines*.

En présence de ces faits, on est conduit à admettre que sous l'influence de la diastase, l'hydratation de l'amidon se fait par phases successives. Dans la première phase, il se produit une dextrine et une molécule de maltose.

$$\underbrace{n\ (C^{24}\ H^{20}\ O^{20})}_{\text{Amidon}} + H^2\ O^2 = \underbrace{(n-1)\ (C^{24}\ H^{20}\ O^{20})}_{\text{1}^{\text{re}}\ \text{Dextrine}} + \underbrace{C^{24}\ H^{22}\ O^{22}}_{\text{Maltose}}$$

Dans la seconde, la dextrine précédente fournit une nouvelle dextrine et une deuxième molécule de maltose.

$$\underbrace{(n-1)\ (C^{24}\ H^{20}\ O^{20})}_{\text{1}^{\text{ere}}\ \text{Dextrine}} + H^2\ O^2 = \underbrace{(n-2)\ (C^{24}\ H^{20}\ O^{20})}_{\text{2}^{\text{e}}\ \text{Dextrine}} + \underbrace{C^{24}\ H^{22}\ O^{22}}_{\text{Maltose}}$$

La réaction se poursuit ainsi jusqu'à ce que la dextrine formée soit inattaquable par la diastase. D'après Brown et Héron (54) il y aurait ainsi huit phases successives.

La fermentation déterminée par la diastase consiste donc dans la *dégradation* de l'amidon, dans la soustraction répétée et successive à la molécule amylacée d'une molécule $C^{24}H^{20}O^{20}$ qui s'hydrate et passe à l'état de maltose. Le ferment agit en quelque sorte à la manière du tailleur de pierres qui ayant à sa disposition un bloc de calcaire en extrait successivement des morceaux d'égale grosseur qui seront employés ultérieurement.

La diastase n'agit pas seulement sur l'amidon et certaines dextrines, elle saccharifie encore le glycogène. Elle peut même saccharifier celui-ci, comme je l'ai constaté (56), lorsqu'il est en combinaison avec le peroxyde de fer, combinaison qui est cependant insoluble dans l'eau bouillante. La réaction paraît être analogue à celle qui se passe dans la saccharification de l'amidon (*a*).

Pepsine, trypsine, papaïne. — Ces trois ferments solubles exerçant leur action sur les matières protéiques en général, il y a un certain intérêt à les rapprocher dans l'étude des réactions qu'ils déterminent.

La pepsine n'agit que dans un milieu acide. Le suc gastrique qui lui doit ses propriétés digestives est naturellement acide et son acide correspond normalement à une proportion moyenne d'acide chlorhydrique de 1,5 à 2 p. 1000.

Étudions l'action d'une solution physiologique de pepsine, c'est-à-dire, d'une solution de pepsine à 2 p. 1000 d'acide chlorhydrique et maintenue à 40° sur de la fibrine.

La fibrine se gonfle d'abord, devient transparente, puis se dissout à l'exception d'un très faible résidu, en formant un liquide opalescent. Comme dans la fermentation de l'empois par la diastase, la dissolution ne représente que la première phase de l'action fermentaire. Celle-ci se continue sans signes extérieurs apparents, et pour apprécier ses progrès il est nécessaire de recourir à l'emploi de certains réactifs.

Au moment où la dissolution de la fibrine est terminée, si l'on neutralise exactement le liquide, la majeure partie du corps résultant de la réaction se précipite. C'est que la fibrine a été transformée en une *syntonine* ou *acidalbumine*, composé soluble dans l'eau légèrement acidulée, soluble aussi dans les alcalis étendus, mais insoluble dans l'eau pure et même dans l'eau additionnée de sel marin. La syntonine est ensuite attaquée par le ferment, et se change en un nouveau corps auquel on a donné le nom de *propeptone* (Schmidt-Mühleim). La propeptone est soluble dans l'eau et se précipite de sa solution aqueuse, lorsqu'après l'avoir saturée de sel marin on l'additionne d'acide chlorhydrique. La solution de

(*a*) La réaction de la diastase sur l'amidon a donné lieu à de longues discussions entre les savants : les uns affirmant que l'amidon se change d'abord en dextrine, puis celle-ci en sucre, les autres au contraire soutenant que dextrine et sucre se forment simultanément. Ces discussions n'ont plus aujourd'hui qu'un intérêt historique. On les trouvera résumées dans le mémoire que j'ai publié en 1886 sur les propriétés physiologiques du maltose (*Journal de l'Anatomie et de la Physiologie*, 1886, p. 162).

Quant à la production d'une petite proportion de glucose par le fait de l'action diastasique, production observée par plusieurs chimistes ; elle n'est que secondaire dans le phénomène et il me suffira de l'avoir rappelée. — Voir d'ailleurs le même mémoire.

propeptone, de même que la solution acide de syntonine, précipite par l'acide azotique ; mais le précipité obtenu avec la première dis-paraît à chaud.

La propeptone est à son tour changée en *peptone*, et lorsque cette nouvelle réaction est terminée, le produit ne donne plus de précipité par l'acide azotique : la fibrine est digérée.

Les peptones sont des composés solubles dans l'eau et dans l'alcool faible. Ils sont assez dialysables et possèdent une composition centésimale très voisine de celle des matières albuminoïdes dont elles dérivent. Henninger a réussi à les transformer en albuminoïdes au moyen des agents de déshydratation, et a démontré par là que ces corps sont des albuminoïdes hydratés (57).

Ainsi, en résumé, la transformation de la fibrine en peptone n'est pas directe ; elle passe par plusieurs phases. La peptonisation consiste en une série de phénomènes d'hydratation successifs. Il y a bien là un processus fermentaire analogue à celui que nous avons rencontré en étudiant le mode d'action de la diastase.

La pepsine ne digère pas seulement la fibrine, elle digère encore la myosine, la caséine, l'albumine etc., et la digestion de ces matières donne lieu à des phénomènes semblables à ceux qui viennent d'être exposés. Cependant on remarque qu'avec ces albuminoïdes, la dissolution est moins complète qu'avec la fibrine. Le résidu non attaqué est plus important, il est surtout notable avec la caséine. C'est ce résidu qu'on a appelé *dyspeptone*.

Il paraît assez vraisemblable que les diverses variétés d'albuminoïdes fournissent des peptones différentes ; toutefois, cette question n'est pas résolue. Tout ce qu'on peut en dire, c'est que les propriétés de ces corps sont très voisines. La seule différence que l'on ait réellement constatée réside dans la grandeur de leur pouvoir rotatoire.

Pour étudier la fermentation pepsique, nous avons pris comme milieu physiologique un liquide acidulé avec l'acide chlorhydrique. Cet acide est en effet celui qu'on rencontre normalement dans le suc gastrique.

Quelquefois il s'y trouve mélangé à de l'acide lactique ou remplacé par celui-ci. Cela arrive surtout, — en dehors des conditions morbides — lorsque les aliments ingérés sont des féculents ou des matières sucrées. Cet acide lactique n'est pas sécrété par l'estomac, il provient d'une fermentation lactique qui se produit dans l'estomac. L'action digestive de la pepsine s'exerce encore dans ces conditions ; quoique moins énergiquement.

On obtient également des digestions artificielles d'albuminoïdes en remplaçant l'acide chlorhydrique par différents autres acides minéraux ou organiques ; mais l'influence de ces acides est très inégale. D'après Ad. Mayer (29, p. 50) dont les recherches ont été instituées avec des proportions chimiquement équivalentes d'acide = 2 gr.3 de HCl p. 1000, on peut les classer dans l'ordre suivant en commençant par celui qui favorise le plus l'action de la pepsine.

Acide chlorhydrique
»   azotique
»   oxalique
»   sulfurique
»   lactique et tartrique
»   formique, succinique et acétique.

Avec les acides butyrique et salicylique, la pepsine est restée inactive. Les essais de Ad. Mayer ont été faits sur de l'albumine cuite ; M. A. Petit en a fait d'autres sur la fibrine et dans des conditions très variées (40). Les résultats observés par ce dernier chimiste ne concordent pas entièrement avec ceux qu'a publiés Mayer. C'est ainsi que pour M. A. Petit les acides acétique et succinique sont inactifs. Peut-être faut-il attribuer ce désaccord à ce que la matière albuminoïde était différente dans ces deux séries de recherches.

Les détails que nous venons de donner relativement à l'action de la pepsine nous permettront d'être plus bref pour les deux autres ferments.

La trypsine exerce son action sur les matières albuminoïdes dans un milieu neutre, alcalin ou légèrement acide.

Les produits qui se forment successivement sont les suivants :

1° Une *globuline* dont le caractère est d'être soluble dans l'eau alcalinisée et dans une solution étendue de chlorure de sodium. Ses solutions sont coagulables par la chaleur.

2° Une *propeptone*.

3° Une *peptone*.

4° De la *leucine* et de la *tyrosine*, matières cristallisables auxquelles il faudrait ajouter d'après Kühne un produit sur lequel la trypsine n'a pas d'action et qu'il nomme *antipeptone*.

Autant qu'on peut en juger d'après les travaux de Würtz et Bouchut (28) la papaïne agit comme la trypsine puisqu'elle exerce son action en liquide neutre, alcalin ou légèrement acide. C'est donc une sorte de trypsine végétale.

D'après Otto (58) les propeptones et les peptones de la fermentation trypsique ont la même composition et possèdent les mêmes propriétés que les produits de même nom formés dans la fermentation pepsique. Si donc, on fait abstraction de la quatrième phase de la première, phase qui d'ailleurs n'a été qu'imparfaitement étudiée, les produits de chacune des deux fermentations ne diffèrent réellement que dans la première phase, qu'on peut appeler *phase-globuline* pour la trypsine et *phase-syntonine* pour la pepsine. Mais tout en caractérisant chacune des deux fermentations, la différence existant entre ces produits ne pourrait servir à distinguer l'un de l'autre les deux ferments ; car le traitement de la fibrine par l'acide chlorhydrique seul, fournit de la syntonine.

Cette ressemblance dans le mode d'action des deux ferments protéiques et surtout la propriété que possède la trypsine de conserver son activité dans un milieu acide — dont l'acidité d'après Karl Mays (39) peut s'élever à 3 p. 1000 de HCl — rend assez délicate leur distinction, lorsqu'on suppose qu'ils se trouvent simultanément dans un liquide physiologique. Dans des recherches publiées il y a déjà quelques années, j'ai été amené à m'occuper spécialement de cette question et j'ai indiqué, comme pouvant servir à caractériser la pepsine dans une sécrétion, la propriété que ce ferment possède dans un milieu acide, d'anéantir les propriétés fermentaires de quelques ferments solubles. A une sécrétion acidulée par HCl, on ajoute une petite quantité de diastase ; si au bout de quelque temps la diastase est détruite, on est fondé à affirmer la présence de pepsine dans cette sécrétion. Quant à la trypsine, la propriété dont elle seule jouit, de digérer les albuminoïdes en milieu neutre ou alcalin, la caractérise suffisamment (60).

Présure. Lorsqu'on ajoute de la présure à du lait maintenu à une température de 30 à 40°, on le voit se coaguler en un temps très court. Bien que cette coagulation ait une grande importance dans l'industrie des fromages et qu'elle ait été l'objet de nombreuses recherches, elle est restée un phénomène très obscur. Les modifications chimiques qu'éprouve la matière albuminoïde du lait pendant la fermentation sont à peu près inconnues. Quelques faits d'une observation facile tendent à faire considérer la réaction comme analogue à celle que déterminent les ferments des albuminoïdes.

Bien que la coagulation paraisse se produire brusquement, l'action de la présure n'en est pas moins continue ; le processus fermentaire commence dès après l'addition du ferment. Étant donné un lait additionné de présure, et maintenu pendant un temps déterminé à 37° (température où l'action est rapide), si on le refroidit brusquement avant coagulation à une température où le ferment agit peu ou pas, pour le ramener ensuite à 37°, la totalité du temps pendant lequel ce lait a été exposé à 37° jusqu'à coagulation, représente précisément le temps qui eût été nécessaire si le même lait n'avait cessé d'être maintenu à cette température. Il n'est donc pas douteux que le travail effectué pendant les premières minutes n'est pas perdu (39, p. 59). D'ailleurs le lait non coagulé, mais qui a déjà subi l'action de la présure, se conduit chimiquement, autrement que du lait normal. Il faut par exemple beaucoup moins d'acide pour en précipiter la caséine.

Le processus fermentaire paraît donc ici encore consister en modifications successives de la caséine du lait.

Spécificité des ferments solubles. La plupart des réactions que e nous venons d'examiner peuvent être déterminées par certains agents chimiques. Ces agents sont ceux qui produisent ordinairement les hydratations. C'est ainsi qu'en traitant à chaud l'amidon par l'acide sulfurique étendu, on le transforme en dextrine, maltose et glucose. Avec le sucre de canne, on donne naissance à du sucre interverti. Avec l'amygdaline, il se fait de l'essence d'amandes amères, de l'acide cyanhydrique et du glucose. On obtient les peptones elles-mêmes ou des corps très analogues par l'action des acides étendus chauds sur les albuminoïdes. On peut à cet égard formuler la règle suivante : *lorsqu'un acide détermine une de ces réactions, il est capable en général de produire toutes les autres.*

. Ces faits nous amènent à nous occuper d'une question importante à résoudre. Chacun des ferments solubles dont nous avons étudié le mode d'action, est-il capable de produire les réactions que nous avons rapportées à d'autres ferments ?

Cette question a été résolue autrefois dans les sens les plus divers. Il ne faut pas trop s'en étonner. Nous allons montrer en effet par quelques exemples combien il est facile de tomber dans l'erreur sur ce sujet.

On a prétendu que l'invertine, outre sa propriété d'intervertir le sucre de canne, possède encore, comme la diastase, celle de saccharifier l'empois d'amidon. Reportons-nous à la fabrication de la levûre de bière qui sert comme nous l'avons dit à préparer l'invertine.

On saccharifie à une température convenable de la farine de seigle ou de maïs avec du *malt*, et, après refroidissement suffisant du liquide, on y sème de la levûre. Celle-ci se multiplie rapidement et monte à la surface. On l'essore et on la livre au commerce.

Il est évidènt que la levûre ainsi obtenue retient de la diastase, puisqu'elle s'est développée dans un milieu qui en renfermait. Il est également évident que l'invertine préparée avec cette levûre, retiéndra aussi de la diastase et saccharifiera l'empois. Si donc, on n'y prend garde on attribuera à cette invertine une propriété saccharifiante, alors que cette propriété est celle de la diastase qui l'accompagne (61).

La salive doit comme on sait ses propriétés saccharifiantes à la diastase. En étudiant l'action de la salive sur le sucre de canne, quelques physiologiques lui ont trouvé la propriété inversive. Ils en ont conclu que la diastase animale peut agir à la manière de l'invertine.

Il y a encore là une circonstance qui a échappé à ces observateurs. Si on prend de la salive fraîche, si on la filtre rapidement au travers d'un filtre en terre poreuse et si on l'additionne ensuite d'une solution de sucre de canne stérilisée, on constate presque toujours, en prenant soin de rester à l'abri des germes de l'air, qu'on peut conserver indéfiniment le mélange sans qu'il se produise d'interversion. Cette même salive ajoutée à de l'empois le saccharifie : elle renferme donc de la diastase et celle-ci n'agit pas sur le sucre de canne.

Mais qu'on prenne de la salive sans précaution, qu'on l'abandonne à l'air après l'avoir additionnée de sucre de canne, celui-ci sera presque toujours interverti. C'est que cette salive se peuple de champignons inférieurs, producteurs d'invertine, et c'est l'invertine qu'ils sécrètent qui est la cause déterminante de l'inversion et non la diastase de la salive.

On conçoit d'ailleurs que chez certains individus la bouche soit le siège d'un développement de microphytes sécréteurs d'invertine, dans lequel cas leur salive est directement inversive.

Les deux ferments solubles, diastase et invertine, ont donc leur individualité propre et l'un ne peut produire les réactions que l'autre détermine (62).

Il en est de même des autres ferments solubles ; car on démontrerait aisément que toutes les fois qu'on a cru avoir observé le contraire, c'est qu'on avait eu affaire originairement à un mélange de ferments, ou que pendant l'expérience, il s'en est formé de nouveau, sécrétés par des champignons inférieurs dont les anciens observateurs ne connaissaient pas la manière de vivre.

Il ressort de là que chacun de ces ferments exerce une ou plusieurs actions tout à fait spécifiques. On peut dire que « *pour effectuer le dédoublement d'un hydrate de carbone, d'un glucoside, ou d'un albuminoïde déterminés, il faut un ferment déterminé* ».

Ces faits établissent une distinction fondamentale entre les fermentations provoquées par les ferments solubles et les réactions chimiques ordinaires, alors même que celles-ci paraissent analogues aux premières.

Ce n'est pas tout. Nous avons vu qu'on rencontre des ferments diastasiques chez la plupart des êtres vivants et dans des organes très variés. On en trouve dans la salive et le suc pancréatique des animaux supérieurs, dans la sécrétion du foie chez les invertébrés, dans les graines en germination etc. On croyait autrefois que chacun de ces ferments constituait une espèce distincte ; et on avait créé pour les désigner des expressions particulières : diastase salivaire, diastase pancréatique, diastase du malt, etc.

Ce que nous avons dit précédemment à propos de certaines propriétés attribuées à tort à la diastase laisse déjà supposer qu'il faut voir dans ces différentes diastases un seul et même corps. Mais j'ai poussé plus loin l'étude de ce sujet (62).

Lorsque la diastase agit sur l'amidon, il se produit un travail fermentaire particulier consistant comme nous le savons, dans la transformation de l'amidon en maltose et dextrine. Ce travail est-il le même lorsqu'on emploie l'un ou l'autre des ferments diastasiques dont nous venons de parler ? C'est la question que nous allons examiner.

Prenons un gramme d'amidon, et supposons que cet amidon transformé totalement en glucose réduise un poids de liqueur cupro-potassique égal à 100. Ce gramme d'amidon transformé d'abord en empois, puis traité par la diastase pendant un temps donné, ne réduira qu'un poids inférieur de liqueur. C'est le chiffre exprimant ce poids que j'appellerai le *pouvoir réducteur* présenté par la substance fermentescible au moment de l'essai.

Cette notion établie, voici ce qu'on remarque dans l'action diastasique sur l'empois, lorsqu'à la température ordinaire on fait varier la durée de l'action ou les proportions de ferment.

1° Le pouvoir réducteur atteint rapidement un chiffre qui n'est dépassé ensuite qu'avec une extrême lenteur ; en sorte qu'on peut considérer ce chiffre comme un maximum représentant le travail fermentaire achevé. Ce chiffre est de 50 à 51.

2° Les proportions de ferment si on ne les fait pas varier extrêmement n'ont pas d'influence sur la valeur finale de ce pouvoir réducteur.

Il s'ensuit qu'il est inutile d'avoir des poids égaux de divers ferments pour pouvoir comparer quantitativement leur activité fermentaire. S'il en était autrement, la comparaison serait impossible, car, nous le savons, les ferments n'ont jamais été isolés à l'état de pureté.

Or, en examinant l'action de la diastase de certains invertébrés, celle de la diastase du malt et celle de la salive sur l'amidon, j'ai constaté que les pouvoirs réducteurs acquis par cet hydrate de carbone, sont exprimés par les mêmes chiffres. Ces ferments diastasiques quoique d'origines diverses, sont donc identiques.

CHAPITRE III

INFLUENCE DES AGENTS PHYSIQUES SUR LES FERMENTATIONS DÉTERMINÉES PAR LES FERMENTS SOLUBLES.

Tous les ferments solubles perdent leur propriété caractéristique lorsqu'on porte leur solution aqueuse à une température élevée, mais cependant de beaucoup inférieure à la température d'ébullition de l'eau. On a essayé pour un certain nombre d'entre eux de déterminer exactement cette température qui a été appelée *température de destruction du ferment*. Nous avons rassemblé ci-dessous les chiffres qui ont été publiés sur ce sujet.

Ferments.	Auteurs.	Températures.
Invertine	Ad. Mayer (29, p. 22)	51°
id.	id (29, p. 24)	65°
id.	Kjeldahl (63)	70°
Émulsine	Em. Bourquelot (*a*)	67 à 69°
Diastase	Brown et Héron (54)	76°
Pepsine (en sol. physiologique)	Ad. Mayer (29, p. 27)	55 à 60°
Trypsine	Lœw (64)	69 à 70°
Présure	Ad. Mayer (29, p. 28)	66°

(*a*) Cette détermination a été faite sur de l'émulsine préparée avec des amandes douces.

On a fait une solution aqueuse d'émulsine à 0 gr. 50 0/0 et on a réparti 120 cent. c. de cette solution dans 12 tubes à essais portant des n°⁸ de 1 à 12 (10 cent. c. par tube). Ces tubes ont été placés, en compagnie d'un tube témoin contenant 10 cent. c. d'eau distillée et un thermomètre, dans un vase plein d'eau, lequel plongeait lui-même dans l'eau d'un bain-marie.

Le bain-marie était chauffé de telle sorte que la température de l'eau s'élevait environ de 2° par minute. Les tubes ont été retirés successivement à partir du moment où le thermomètre du tube témoin marquait 50°, et cela dans l'ordre suivant : le tube n° 1 à 50°, le n° 2 à 53°, le n° 3 à 56°, le n° 4 à 59°, le n° 5 à 61°, le n° 6 à 63°, le n° 7 à 65° et ainsi de suite jusqu'au n° 12 qui a été retiré à 75°.

Après refroidissement, on a ajouté dans chaque tube 10 cent. c. d'une solution de sali-

A l'examen de ce tableau, on est immédiatement frappé par la différence assez notable qui existe entre les deux déterminations effectuées par un même expérimentateur sur l'invertine. En réalité, ces températures critiques ne sont pas constantes et ne peuvent l'être. Nous avons déjà insisté sur ce fait que les ferments solubles, tels qu'on les obtient, sont toujours mélangés à des matières étrangères. Nous verrons que beaucoup de substances possèdent la propriété d'amoindrir l'activité des ferments solubles, et nombre d'observations semblent démontrer, que toute substance jouissant de cette propriété vis-à-vis d'un ferment déterminé, doit abaisser la température de destruction de ce ferment.

D'ailleurs, comme l'a établi Ad. Mayer pour l'invertine, la variation de la concentration suffit à elle seule pour faire varier dans certaines limites cette température. Ces réserves faites, il est cependant intéressant de constater que les températures de destruction des ferments solubles sont assez rapprochées des températures auxquelles se coagulent les matières albuminoïdes.

Lorsque le ferment n'est pas en dissolution, et qu'il a été convenablement desséché, sa température de destruction est alors beaucoup plus élevée. D'après Salkowski on pourrait chauffer l'invertine sèche jusqu'à 160° sans qu'elle perde ses propriétés. La trypsine sèche d'après Al. Schmidt peut être également portée à 160° et n'est détruite qu'à 170°. La pepsine supporte une température de 110° et la diastase une température de 120 à 125°.

Comme on le voit, on n'a pas déterminé d'une façon précise les températures de destruction des ferments solubles pris à l'état sec, mais ces faits démontrent amplement que ces températures dépassent considérablement celles que nous avons données pour les solutions aqueuses.

Les températures basses ne paraissent pas avoir d'influence nui-

cine à 1 gr. 50 pour cent. c. et on a attendu 24 heures (t^{re} 12° à 15°).

En essayant alors chacun de ces tubes avec la liqueur cupro-potassique ; on a remarqué qu'il y avait eu dédoublement de la salicine dans tous les tubes qui avaient été portés aux températures comprises entre 50° et 67° inclus. Dans le tube n° 9 (69°) il n'y avait pas trace de glucose. En dosant ensuite la proportion de glucose formée dans chacun de ces tubes, on a constaté que cette quantité était la même dans les tubes 1, 2, 3 et 4 ; elle était moindre et de plus en plus faible dans les tubes suivants.

Il résulte de là que dans les conditions de ces expériences la température de destruction de l'émulsine est située entre 67 et 69° et en outre que ce ferment commence à s'affaiblir à partir de 60°.

sible sur les ferments solubles, même lorsqu'ils sont en solution aqueuse. On a refroidi des solutions de diastase bien au-dessous du point de congélation ; la diastase avait conservé ses propriétés.

Les ferments solubles exercent déjà leur action à 0°, et de cette température jusqu'à celle de leur destruction, leur activité éprouve des variations très importantes à connaître tant au point de vue pratique qu'au point de vue théorique. Cette activité croît d'abord avec la température, atteint un maximum, puis décroît, jusqu'à s'éteindre lorsqu'on arrive à la température de destruction. Mais si l'on envisage les produits de la réaction, on est obligé, dans l'étude de cette question, d'examiner à part chacun des deux groupes de ferments que nous avons établis dans le chapitre précédent.

Voyons d'abord ce qui se passe dans l'inversion du sucre de canne par l'invertine. Nous avons sur ce sujet les expériences de Kjeldahl qui suffisent pour donner une idée du phénomène.

Le chimiste danois (63) a fait agir pendant une heure des quantités égales d'une solution d'invertine (10 cent. c.) sur des volumes égaux d'une même solution de sucre de canne à 10 0/0 (50 cent. c.) à différentes températures comprises entre 0 et 70°. Il y a eu interversion à toutes ces températures, sauf à 70°. Les proportions de de sucre interverti dans chacun des essais sont relatées dans le tableau suivant :

Température	Sucre interverti p. 0/0.	Température	Sucre interverti p. 0/0.
0°	4	50°	45
18°	13	52° 1/2	45 1/2
30°	23	55°	45
40°	34	60°	34
45°	41	65°	5
48°	44	70°	0

Si l'on construisait la courbe de ces résultats, on verrait que la température à laquelle le phénomène est le plus actif — et nous appellerons désormais cette température, *température optimale* — est située entre 52 et 53°. On verrait en outre que cette courbe monte d'abord assez lentement, puis descend rapidement à partir du maximum. C'est là, pour le dire en passant, une propriété de toutes les courbes représentant l'influence de la température sur les actions physiologiques. Bien que se rapportant à un phénomène unique et déterminé, cette courbe exprime, dans son allure, les changements qui peuvent survenir par suite des variations de la température, dans l'ensemble des manifestations vitales chez les êtres vivants. On le voit nettement pour les végétaux : leur maximum d'activité correspond à une température donnée ; et tandis que la vie est encore possible, un grand nombre de degrés en dessous, elle cesse quelques degrés au-dessus de cette température. Pour les animaux, le parallélisme paraît moins frappant ; il existe cependant, et il est surtout manifeste chez les animaux à température variable. Dans tous les cas, une chute rapide vers le haut, et par en bas une extinction lente.

Le phénomène est tout différent avec les acides qui déterminent les mêmes réactions que les ferments. Voici par exemple une série d'observations faites par Ad. Mayer (10, p. 66) sur l'inversion du sucre de canne, par l'acide chlorhydrique. Dans chaque essai, ce chimiste traitait 30 cent. cubes de solution de sucre de canne à 10 0/0 par 2 cent. cubes de HCl à 5 0/0 à une température donnée et pendant un temps déterminé. Les résultats sont réunis dans le tableau suivant :

		Sucre interverti pour 0/0	
Température.	Durée de l'action.	Total	Par heure
30°...............	30 minutes................	6.1...........	12
40°...............	30 »	18.5...........	37
50°...............	30 »	4..8...........	96
60°...............	30 »	85...........	170
70°...............	30 »	100 .... >200
80°...............	30 »	100 .... >200
90°...............	20 »	100 .... >300
100°...............	12 »	100 .... >500

Il est clair que l'activité de l'acide a ici un caractère tout autre que celui du ferment. Elle croît rapidement aux températures élevées, et l'on sait d'ailleurs que cet accroissement s'accentue encore davantage, au-dessus du point d'ébullition de l'eau. Dans ce cas, la réaction déterminée en tube scellé, s'effectue avec une extrême rapidité.

Les expériences de Kjeldahl que nous avons rapportées plus haut, ont été faites avec de l'invertine de levûre basse. Avec de l'invertine de levûre haute, le même chimiste a trouvé comme température optimale 56°. D'autres observateurs, Ad. Mayer et Barth, en particulier, ont trouvé encore d'autres températures. On serait tenté d'en conclure qu'il existe plusieurs invertines. Il n'en est rien. La vérité est que les causes qui font varier la température de destruction d'un ferment soluble, font varier et dans le même sens la température optimale de son action. Si le ferment se trouve en présence d'un agent nuisible, celui-ci, même à faibles doses, abaisse sa température de destruction, et abaisse également la température optimale de son action. Si donc des chiffres différents ont été trouvés pour la température optimale d'un ferment, il faut ici encore, comme pour les températures de destruction, en rapporter la cause, à ce que les produits étudiés renfermaient des proportions variables de matières étrangères. La concordance ne pourra exister que le jour où l'on obtiendra des ferments solubles à l'état de pureté. Et le chiffre donné actuellement par un auteur n'a de valeur absolue que pour la préparation dont il s'est servi.

L'examen des résultats publiés par Kjeldahl nous apprend encore — ce qui d'ailleurs a été constaté directement — qu'un ferment soluble commence à perdre de son activité bien au-dessous de sa température absolue de destruction. Pour tous les ferments du groupe de l'invertine, cet affaiblissement paraît tenir à une destruction partielle du ferment. Admettons en effet — ce que nous démontrerons plus loin — qu'un ferment soluble agit proportion, nellement à sa masse ; comme avec ces ferments la réaction ne change pas qualitativement, il faut bien admettre que la masse du ferment a diminué.

Dès lors l'explication des variations d'activité dues aux changements de température est facile. On doit supposer que toute élévation de température favorise le processus fermentaire, comme il en est pour les acides. Mais à partir de 52°, dans les observations de Kjeldahl, la température joint à cette action une action de plus en plus destructive du ferment dont l'effet est inverse de la première, en sorte que l'élévation de température devient bientôt plus nuisible qu'utile.

Avec la diastase et les ferments solubles qui appartiennent au même groupe, l'influence de la température est plus difficile à interpréter. Cela tient d'une part à ce que, comme nous l'avons dit, la fermentation se fait par phases successives, et d'autre part à ce qu'on n'a pas encore pu doser tous les produits de la réaction.

On a surtout étudié à ce point de vue, les variations de la fermentation diastasique (saccharification de l'empois d'amidon). Nous en parlerons donc avec quelque détail.

Le maltose étant de beaucoup le produit le plus important de cette fermentation, on s'est en général contenté de doser ce sucre, pour apprécier les progrès de la réaction, et on a eu recours pour cela à la liqueur cupro-potassique. On l'a même dosé le plus souvent comme glucose, et lorsqu'on a voulu exprimer le travail effectué par la diastase dans un empois déterminé, on a donné la proportion en centièmes de sucre (calculé comme glucose) contenu dans la matière sèche que renfermait la solution. C'est cette grandeur qu'on a appelé, pour abréger, *pouvoir réducteur*. Soit par exemple un liquide renfermant 3 0/0 de matière sèche et 1 0/0 de sucre (dosé comme glucose) le pouvoir réducteur sera de 33. Comme on sait d'ailleurs que 2 gr. de glucose réduisent autant d'oxyde de cuivre que 3 gr. de maltose, il est facile de calculer ce que les chiffres trouvés comme glucose représentent de maltose.

Bien que différents chimistes (*a*) aient étudié l'influence de la température sur la saccharification de l'empois d'amidon par la diastase, nous ne rapporterons ici que les expériences de Kjeldahl (65) celles-ci ayant été effectuées dans le même esprit que les expériences du même auteur sur l'invertine dont nous avons parlé plus haut.

Kjeldahl a fait agir à différentes températures pendant quinze minutes 8 c.c. d'extrait de malt sur 200 c.c. environ d'empois provenant de 10 gr. d'amidon. Les résultats de ces recherches sont les suivants :

Température	Pouvoir réducteur
18°, 5	17, 5
35°	30, 5
54°	41, 5
63°	42
64°	40
66°, 5	34
68°	29
70°	18

On voit que la température optimale de la diastase est 63°. De la température ordinaire à 63° l'action du ferment augmente lentement ; plus haut elle décroît rapidement. La courbe qui représen-

(*a*) Voir *Recherches sur les propriétés physiologiques du maltose*, par M. Em. Bourquelot. *Journ. de l'anatomie et de la physiologie*, 1886, p. 62.

terait l'ensemble de ces résultats aurait donc une apparence analogue à celle de l'invertine. Mais c'est là toute la ressemblance, car avec la diastase le processus fermentaire que l'on détermine au-dessus de 63° diffère de celui que l'on produit au-dessous de cette température. C'est ce que nous allons voir en suivant les progrès de la saccharification diastasique à l'aide de l'eau iodée.

Il convient d'abord de rappeler l'emploi de ce réactif. Lorsqu'on ajoute de l'eau iodée à de l'empois liquide (1 à 4 gr. de fécule de pommes de terre pour 100 c. c. d'eau) au moment où on vient de le mélanger avec une solution aqueuse de diastase, on obtient un liquide bleu, dans lequel on voit flotter de petits grains bleu foncé qui ne sont autre chose que les grains d'amidon gonflés et non encore liquéfiés. Au bout d'un temps variable, qui est d'autant moins long que le liquide renferme plus de diastase, si on répète la même opération, on constate que les grains n'existent plus, ils ont été liquéfiés, mais le liquide est toujours bleu. Un peu plus tard le liquide traité de la même façon prend une teinte bleu-violacée, on a ensuite du violet, du rouge, du jaune, après quoi l'eau iodée ne détermine plus de coloration, alors pourtant que la réaction diastasique est loin d'être terminée.

L'eau iodée peut donc renseigner sur les progrès d'une saccharification d'empois, mais seulement dans les premières phases de la réaction.

Il est d'ailleurs préférable au lieu d'observer la saccharification aux températures élevées, de diviser le phénomène, c'est-à-dire de chauffer préalablement la solution de ferment à ces températures et de la laisser ensuite refroidir pour opérer à la température ordinaire. Cornélius O'Sullivan a observé en effet (66), et je l'ai constaté moi-même, qu'un extrait de malt, une fois chauffé à 68°, par exemple, puis refroidi et ajouté à de l'empois à une température inférieure à 63°, détermine exactement les mêmes réactions que si la saccharification avait été effectuée à 68°.

Voici l'une des séries d'expériences que j'ai relatées dans un travail sur ce sujet (67).

L'empois avait été préparé avec 5 gr. de fécule pour 300 cent. c. d'eau. On en a traité 20 cent. c. d'une part, par 5 c. c. d'une solution de diastase à 0,5 0/0, et d'autre part par 5 cent. c. de cette même solution de diastase préalablement maintenue à 67° pendant 12 heures — température de la fermentation : 22 à 23°.

Nous donnons dans le tableau qui suit, la succession des réactions obtenues avec l'eau iodée pendant la première heure.

Temps écoulé.	Diastase non chauffée (5 c. c.).	Diastase chauffée (5 c. c.).
4′ ...	Grains intacts...............	Grains intacts....
7′ ...	id.	id. ....
9′ ...	id.	Grains disparus..
15′ ...	Grains disparus — violacé...	Col. violacé......
24′ ...	Col. lie de vin...............	id. ......
39′ ...	id. plus faible..........	id. ......
49′ ...	id. brun pâle...........	id. ......
64′ ...	id. jaune très faible.....	Lie de vin........

A partir de la soixante-quatrième minute, le processus s'est continué pour la diastase non chauffée, tandis qu'il n'a pas tardé à s'arrêter pour la diastase chauffée. Dans le premier cas, la réaction étant terminée (au bout de 48 heures), le pouvoir réducteur du produit répondait à celui de 53 centièmes du glucose qu'on aurait pu obtenir par saccharification totale de l'amidon au moyen de l'acide sulfurique étendu. Dans le second cas le pouvoir réducteur répondait seulement à 30,1 centièmes, et l'addition d'une nouvelle proportion de diastase chauffée n'a pas accru ce pouvoir réducteur.

Il ressort de là que l'affaiblissement de la diastase déterminé par les températures supérieures à 63° a pour effet de limiter la réaction à ses premières phases : celles-ci se succédant toutefois aussi rapidement avec la diastase affaiblie qu'avec la diastase naturelle.

Dans une saccharification effectuée à une température inférieure à 63°, on obtient toujours finalement du maltose et l'achroodextrine qui est inattaquable par la diastase. Au-dessus de 63° on obtient aussi du maltose et une dextrine, mais celle-ci est encore attaquable par la diastase naturelle, et elle a un poids moléculaire d'autant plus élevé et plus rapproché de celui de l'amidon que la température de chauffe est elle-même plus rapprochée de la température de destruction du ferment.

Quant à l'action de la température sur le ferment lui-même, on ne peut guère faire que des hypothèses à cet égard. Ainsi on pourrait admettre une atténuation du pouvoir hydratant de la diastase ou bien on pourrait considérer celle-ci comme composée de plusieurs ferments se détruisant successivement à partir de 63° à mesure que l'on chauffe davantage.

Les détails que nous venons de donner sur la diastase nous permettront d'être bref pour les autres ferments solubles appartenant au même groupe.

Au reste l'étude de l'activité de ces ferments au point de vue qui nous occupe est assez délicate, parce qu'avec eux il n'y a pas de terme d'action facile à saisir. Lorsqu'on fait agir la pepsine sur de la fibrine ou sur de l'albumine cuite, il n'y a qu'une phase dont le terme puisse être observé à peu près rigoureusement ; c'est celle qui comporte la dissolution de la matière protéique. Et nous savons que cette dissolution ne représente pour ainsi dire que le commencement de la peptonisation.

Quoi qu'il en soit, l'influence de la température sur l'activité de la pepsine a été étudiée par A. Petit. Ce chimiste a constaté que la température optimale pour de la pepsine agissant dans un milieu acidulé à 3 p. 1000 de HCl, est 50°, soit avec la fibrine soit avec l'albumine (40, p. 7 et 11).

D'autres observateurs ont trouvé des températures optimales différentes. Ce sont là des désaccords qui doivent nous étonner moins encore que ceux que nous avons rencontrés pour d'autres ferments solubles. Ici, en effet, intervient une nouvelle cause de variation qui tient à la proportion d'acide renfermée dans la liqueur digérante. Ainsi Ad. Mayer (29, p. 73) en faisant agir de la pepsine sur de l'albumine dans de l'eau acidulée à 1, 5 p. 0/0 d'acide chlorhydrique fumant, a trouvé comme température optimale 36° ; tandis que dans une autre série d'expériences — l'eau étant acidulée à 0, 5 p. 0/0, cette température a monté à 55°.

La pepsine en solution aqueuse, comme la diastase, éprouve un certain affaiblissement si on la chauffe à une température voisine de celle de sa destruction. D'après Finkler (68) elle serait transformée en un nouveau corps qu'il appelle *isopepsine*. Cette modification de la pepsine dissoudrait l'albumine cuite aussi rapidement que la pepsine ordinaire ; mais avec l'isopepsine, le processus ne pourrait dépasser la phase syntonine. L'influence de ces températures élevées paraît donc se rapprocher de celle que nous avons décrite à propos de la diastase.

La peptonisation par la trypsine est également difficile à suivre. On y parvient cependant en mélangeant à une même quantité de lait des doses égales de ce ferment, en mettant ces mélanges dans des tubes à essais, et en les exposant au bain-marie, à des températures différentes : la décoloration du lait marquant le terme de l'action. Duclaux (41, p. 163) a trouvé ainsi que la trypsine d'un microbe, qu'il a décrit sous le nom de *Tyrotrix tenuis,* a son maximum d'action vers 30°.

Fleischmann a examiné de très près l'influence de la température sur la coagulation du lait par la présure et il a observé comme température optimale 41° (41, p. 161). Ad. Mayer a trouvé 39° environ (29, p. 77). Quelques degrés au-dessus de ces températures, à partir de 47°, par exemple, jusqu'à la température de destruction, il n'y a plus qu'une coagulation imparfaite : le coagulum est visqueux. Au-dessous la coagulation est d'autant plus lente à se produire que la température est plus basse. Aux températures inférieures à 20° Fleischmann n'a même plus réussi à la déterminer.

Cette inactivité de la présure au-dessous de 20°, méritait d'être étudiée très attentivement ; elle se présente à nous comme une exception, puisque nous savons que les autres ferments solubles peuvent exercer leur action même à 0°. Aussi s'est-on demandé si en donnant à l'action le temps de se produire, elle ne finirait pas par se manifester. La question a été résolue avec une grande précision par Duclaux (27, p. 42). Ce chimiste en opérant à l'abri des infiniment petits a pu conserver pendant un mois à 15° du lait additionné de présure sans obtenir de coagulation. La présure n'agit donc pas au-dessous de 15° et par là s'explique cette pratique séculaire que suivent les fabricants de fromage en déterminant la coagulation du lait à des températures voisines de 30°.

Lumière. La lumière ne paraît pas avoir d'influence marquée sur les processus fermentaires. Elle n'en a pas non plus sur les ferments en solution sauf sur la présure et l'invertine. D'après Ad. Mayer (29, p. 42) et aussi d'après Duclaux (27, p. 55) une solution aqueuse de présure s'affaiblit notablement lorsqu'on la laisse exposée aux rayons solaires.

CHAPITRE IV

INFLUENCE DES AGENTS CHIMIQUES SUR LES FERMENTATIONS DÉTERMINÉES PAR LES FERMENTS SOLUBLES.

Dans le chapitre précédent, nous avons vu les fermentations déterminées par les ferments solubles être successivement activées, ralenties et finalement arrêtées à mesure que la température s'élève. Nous verrons dans la seconde partie de ce travail que l'élévation de température exerce une influence analogue sur les fermentations déterminées par les ferments organisés. Sauf pour quelques détails, l'influence de la chaleur est donc la même pour les deux classes de fermentations.

Cela se comprend d'ailleurs aisément, même indépendamment de l'action de la température envisagée en elle-même. Les ferments organisés sécrètent des ferments solubles et ceux-ci sont les agents indispensables à l'aide desquels ils décomposent et digèrent les matières alimentaires dont ils vivent. Si la température détruit ces agents, elle enlève par cela même aux premiers les moyens de se nourrir.

En réalité, toute influence qui affaiblit ou détruit un ferment soluble doit affaiblir ou arrêter le développement de l'être qui le produit. A cet égard, les composés chimiques qui arrêtent les fermentations déterminées par les ferments solubles doivent donc être nuisibles aux ferments organisés.

Mais la réciproque n'est pas vraie ; c'est-à-dire que toute cause qui entrave le développement d'un micro-organisme ne nuit pas nécessairement aux ferments solubles.

Un micro-organisme ne fait pas que se nourrir ; il respire, et l'on conçoit qu'il puisse exister des composés qui ralentissent ou suppriment le phénomène respiratoire sans exercer d'influence fâcheuse sur les agents de la digestion. Il existe en effet tout un groupe de composés — que l'on a classés parmi les poisons de la respiration — qui arrêtent tout développement des ferments organisés et qui pourtant, employés à dose modérée, n'empêchent pas les ferments solubles d'exercer leur action.

Ces composés sont également indifférents pour tous les ferments solubles et nous pouvons les signaler immédiatement afin de ne plus avoir à nous en occuper. Ce sont : l'acide cyanhydrique, certaines huiles essentielles, l'éther, la créosote (69), le chloroforme (70), le thymol (71), la benzine, l'essence de térébenthine, le phénol (71 et 72).

Comme l'avait pressenti Bouchardat (69) et comme Muntz l'a établi pour le chloroforme, ces différents corps constituent de véritables réactifs permettant de distinguer l'une de l'autre les deux sortes de fermentations.

A côté des composés indifférents nous en trouverons fort peu qui soient tout à fait nuisibles, mais nous en rencontrerons beaucoup, dont l'influence varie avec la concentration. Le plus souvent ils accélèrent l'action des ferments solubles lorsqu'ils sont en faible proportion, et l'affaiblissent ou la paralysent entièrement lorsque la proportion augmente.

Mais ces substances n'agissent pas de la même façon sur tous les ferments solubles. Telle qui, à doses infinitésimales, active les effets d'un ferment, retarde les effets d'un autre ferment. Il n'est donc pas possible de généraliser et nous devons examiner leur influence successivement dans chaque fermentation.

Invertine. D'après Kjeldahl, si l'on ajoute de faibles quantités d'acides à une solution de sucre de canne additionnée d'invertine, la fermentation se trouve activée. Si l'on en ajoute davantage, on atteint bientôt une proportion pour laquelle l'action de l'invertine est ralentie. Pour une proportion plus forte encore, l'action est de nouveau augmentée. Mais ce dernier effet doit être rapporté à l'acide qui intervertit par lui-même le sucre de canne, tandis que les deux premiers sont le résultat de l'influence d'abord activante, puis affaiblissante qu'ils exercent sur l'invertine (63).

L'action des bases alcalines et des sels à réaction alcaline a surtout été étudiée par Duclaux (41, p. 181). Les bases alcalines affaiblissent fortement l'action de l'invertine. Avec un millième de soude, l'action de l'invertine devient 25 fois plus faible. Les sels à réaction alcaline, l'arséniate de soude, le borate de soude (73), le salicylate de soude ralentissent aussi cette action.

Parmi les sels neutres quelques-uns activent les effets de l'invertine, même lorsqu'ils sont présents à dose relativement élevée. Tel serait le chlorhydrate d'ammoniaque que Nasse (74) a vu quintupler l'action de l'invertine, alors que ce sel était cependant à la dose de 10 0/0. Mais l'influence des sels neutres est en général moins nette. Ainsi les sulfates de soude, de potasse, de magnésie qui à la dose de 4 p. 1000 sont des paralysants de l'invertine activent l'inversion lorsqu'ils sont à la dose de 40 p. 1000. Les chlorures de sodium et de potassium, au contraire, accélèrent l'action lorsqu'ils sont à faibles doses (4 p. 1000) et la retardent à une dose plus élevée. Le chlorure de calcium est un paralysant aux plus faibles doses, et son influence nuisible va en augmentant avec sa proportion (41, p. 180).

Quant au bichlorure de mercure, au nitrate d'argent, qui sont, comme l'on sait, des antiseptiques puissants, ils ralentissent l'action de l'invertine à des doses très faibles (0,5 p. 1000). Toutefois, employés dans ces proportions, ils ne l'arrètent pas complètement. Enfin le sulfate de quinine et l'alcool sont aussi des corps nuisibles à l'action du ferment inversif.

Émulsine et myrosine. Les chimistes qui ont étudié l'influence des composés chimiques sur l'action de ces deux ferments se sont contentés, pour la plupart, d'opérer à doses élevées, et leurs conclusions, bien que présentées sous une forme générale ne doivent être admises que pour les proportions dans lesquelles les expériences ont été faites. Encore ne peut-on dire, lorsqu'une substance est donnée comme n'ayant pas d'action sur ces ferments, qu'elle n'a pas, par exemple, une influence retardatrice, car les observations auxquelles nous faisons allusion, n'ont presque jamais été accompagnées d'essais quantitatifs.

D'après Bouchardat (75) les sels neutres de soude, de magnésie, de potasse, l'acide arsénieux, les bicarbonates de potasse et de soude n'empêchent pas l'action de l'émulsine. L'arséniate de soude, l'émétique, les sulfates de fer, de zinc et de cuivre la ralentissent seulement. Les bases alcalines, l'alcool à 8 0/0, les acides énergiques la paralysent entièrement. Le borate de soude (Dumas), peut-être à cause de ses propriétés alcalines, arrête l'action de l'émulsine et de la myrosine, tandis que l'acide salicylique (76) ne paraît pas avoir d'influence sur l'activité de ces deux ferments.

Le chloral, même à la dose de 3 gr. 50 0/0 est tout à fait sans influence sur l'action de l'émulsine. Ce fait observé par Bougarel (71) est fort intéressant. Il tendrait à démontrer que l'émulsine n'est pas une matière albuminoïde analogue aux autres, si toutefois c'est une matière albuminoïde. Elle aurait dû, semble-t-il, être modifiée par le chloral qui entre, ainsi que l'a montré Personne, si énergiquement en combinaison avec les albumines.

Diastase. La diastase est un ferment très employé dans l'industrie et qui présente une grande importance au point de vue physiologique. Aussi a-t-on étudié avec beaucoup de soin l'influence que peuvent avoir sur son action les substances chimiques. Mais parmi ces substances il n'en est point qui ait autant attiré l'attention que les acides. Cela tient principalement à ce que l'influence des acides sur la fermentation diastasique est liée à une question physiologique d'un grand intérêt : celle de savoir si la diastase salivaire continue à agir dans l'estomac, c'est-à-dire dans un milieu acide.

Les recherches ont porté tantôt sur la diastase de l'orge germé, tantôt sur la salive. Nous nous bornerons à résumer ici les travaux les plus récents.

Kjeldahl s'est servi, pour étudier l'influence des acides sur la réaction diastasique, d'une liqueur d'essai préparée de la façon suivante :

250 gr. d'amidon sont transformés en empois et traités par 200 cent. cubes d'extrait de malt vers 75° ; par conséquent à une température très voisine de la limite d'activité de la diastase. La liquéfaction se fait rapidement. Après une digestion de 20 minutes le liquide est porté à l'ébullition dans le but de déterminer la destruction de la diastase ajoutée. Il est ensuite refroidi et étendu d'eau jusqu'à 4 ou 5 litres environ. On obtient ainsi une liqueur dans laquelle l'amidon a subi un commencement de saccharification et dont le pouvoir réducteur est voisin de 10. On comprend qu'elle puisse servir à étudier l'action de la diastase dans différentes conditions. Il suffira en effet de tenir compte de la matière sucrée formée durant sa préparation ; l'accroissement de la quantité de sucre donnera la mesure de l'action fermentaire pendant la durée de l'expérience. Lorsque cette liqueur a été filtrée, elle est claire

et par conséquent d'un emploi plus commode que l'empois.

A 8 portions de 100 cent. cubes de la liqueur d'essai, Kjeldahl ajoutait différentes quantités d'acide sulfurique normal au 1/40 (1 c. c. $= 1$ mill. de SO^3) et les traitait ensuite pendant 20 minutes, entre 57 et 59° par 0,75 cent. cubes d'extrait de malt. Les accroissements du sucre dans ces 8 portions sont indiquées dans le tableau suivant.

Cent. cub. d'acide sulfurique normal au 1/40	Accroissement du sucre.
0	0,44
1	0,47
2	0,49
2,5	0,48
3	0,43
3,5	0,27
4	0,13
6	0,02
10	0,01

On voit par là qu'une petite quantité d'acide sulfurique, comme Leyser (77) l'avait d'ailleurs déjà constaté, active l'action de la diastase, mais que celle-ci décroît ensuite avec une très grande rapidité à mesure que la proportion d'acide augmente.

D'autres acides inorganiques, les acides chlorhydrique, azotique, phosphorique se conduisent comme l'acide sulfurique, avec cette différence toutefois que leur action est un peu plus faible. Les acides organiques tels que les acides formique, acétique, lactique, butyrique et citrique ont une influence encore plus faible, mais cependant de même ordre.

En définitive on peut amener de grandes variations dans l'action de la diastase en ajoutant de très petites proportions d'acide. Les proportions d'acide qui amènent ces variations sont même si faibles qu'elles sont à peine appréciables par les réactifs ordinaires. Aussi pour répéter ces expériences, doit-on prendre des précautions toutes particulières. L'amidon présente presque toujours une faible réaction acide, quelque bien lavé qu'il soit; l'extrait de malt dont on peut se servir comme solution de diastase est lui-même acide. Si donc on ne neutralise pas exactement ces deux produits, il se pourra que les acides auxquels ils doivent leur réaction soient déjà suffisants, pour que toute addition ultérieure d'un autre acide nuise à la fermentation, et l'on sera porté à conclure à la nocuité absolue de l'acide examiné.

L'ignorance ou l'oubli de ces faits a été la cause d'observations contradictoires sur ce sujet. Mais c'est surtout dans l'étude de l'influence des acides sur l'action de la salive que la question a été résolue dans des sens divers. C'est que, aux difficultés d'expérimentation que nous venons de signaler, s'ajoute encore pour la salive la nécessité de tenir compte de l'alcalinité naturelle de ce liquide physiologique.

Ch. Richet ayant additionné de l'empois d'amidon d'une proportion d'acide chlorhydrique égale à 2 de HCl p. 1000 c. c. a fait agir sur cet empois une *certaine* quantité de salive fraîche. Il a vu que la transformation de l'amidon était non seulement aussi rapide, mais même plus rapide dans ces conditions que lorsque le liquide est neutre ou légèrement alcalin. Comme la proportion de 2 p. 1000 d'HCl correspond à l'acidité moyenne du suc gastrique, Richet en conclut que la salive agit au milieu du suc gastrique acide plus énergiquement que dans la bouche (78).

En réalité cette observation, très exacte pour les conditions dans lesquelles elle a été faite, ne comporte pas une conclusion aussi absolue. Cela ressort des deux séries de recherches suivantes pour lesquelles j'ai fait varier successivement les proportions d'acide et celles de salive (60).

Ces essais ont été faits en mélangeant tout d'abord l'acide chlorhydrique dilué et la salive filtrée, ajoutant ensuite l'empois.

Dans la première série, on a employé 1 cent. cube de salive et 5 cent. cubes d'un empois liquide (5 gr. de fécule de pommes de terre pour 300 cent. cubes). La seule différence entre chaque essai portait sur la proportion d'acide chlorhydrique. Dans tous les cas, le volume était porté à 20 cent. cubes. L'examen était fait à la teinture d'iode et au microscope au bout de 24 heures et au bout de 48 heures.

Expériences.	Proportion de HCl.	Résultats après 24 h.	Après 48 h.
1	0	Saccharif. complète	id.
2	2 gr. p. 1.000	Pas d'action.	Pas d'action.
3	1	id.	id.
4	0,5	id.	id.
5	0,25	id.	id.
6	0,20	id.	id.
7	0,10	id.	id.
8	0,05	Action presque nulle.	Action presque nulle.

Dans l'essai n° 8, l'iode donne une coloration bleue, mais l'examen microscopique du mélange révèle que les grains d'amidon, qui n étaient que gonflés dans l'empois, se sont liquéfiés. Il y a donc eu un commencement d'action.

Ce résultat concorde sensiblement avec ceux qu'a publiés Kjeldahl, puisque la salive n'a commencé à agir que dans le liquide ne renfermant que 0 gr. 05 de HCl par litre.

Dans la deuxième série d'expériences, j'ai fait varier la quantité de salive, tout en conservant le même volume de liquide, ainsi que les mêmes proportions d'empois et d'acide chlorhydrique. Ces nouvelles expériences ont été faites comparativement à celles qui portent les numéros 7 et 8 dans la série précédente.

Expériences.	HCL par litre	Salive ajoutée.	RÉSULTATS. Après 24 h.	Après 48 h.
(7) a.	0,10	1 c. c.	Pas d'action.	Pas d'action.
(7) b.	0,10	2 c. c.	id.	id.
(7) c.	0,10	3 c. c.	Action faible.	Action faible.
(8) a.	0,05	1 c. c.	Act. presque nulle	Act. presque nulle
(8) b.	0,05	2 c. c.	Sacch. complète.	Sacch. complète
(8) c.	0,05	3 c. c.	id.	id.

Dans l'essai (7) c, l'iode donne une coloration bleue, mais les grains d'amidon sont liquéfiés, comme d'ailleurs dans les essais 8 et (8) a. Dans les essais (8) b et (8) c la saccharification est complète au bout de 24 heures ; la présence de l'acide chlorydrique n'a donc pas empêché ici l'action de la diastase.

Ces résultats en apparence contradictoires s'expliquent facilement. La salive étant légèrement alcaline, plus on ajoute de salive, plus on neutralise d'acide chlorhydrique, et pour une certaine quantité de salive, l'acide chlorydrique peut être neutralisé complètement. Dans ces conditions l'acide n'a plus d'influence sur le processus fermentaire.

Dans des recherches récentes, Chittenden et E. Smith (79) ont repris l'étude de cette question. Ils ont déterminé d'abord l'alcalinité de la salive, qu'ils ont trouvée, pour une moyenne de 15 échantillons, égale à 0,097 p. 0/0 (exprimée en NaO CO²). Ils ont constaté en même temps que la salive neutralisée, non seulement conserve ses propriétés, mais est même plus active que lorsqu'elle n'a pas été neutralisée. Ils ont en outre attiré l'attention sur le rôle que peut jouer, dans ces expériences délicates, la présence des matières protéiques de la salive.

Danilewski (80) avait montré que les acides s'unissent avec certaines matières protéiques pour former des composés acides au tournesol mais ne donnant pas avec la tropéoline, la réaction violette qui caractérise les acides libres. Chittenden et Smith ont cherché quelle était, dans la salive, la proportion de ces matières protéiques. Ils ont trouvé comme moyenne de huit déterminations que 20 cent. c. de salive neutralisée au tournesol et filtrée, contenaient des matières protéiques capables de se combiner à 7, 74 cent. c. d'acide chlorhydrique à 0, 1 p. 0/0. Ces chimistes ont comparé ensuite l'action diastasique ; 1º de la salive normale ; 2º de la salive neutralisée au tournesol ; 3º de la salive dont les matières protéiques étaient saturées d'acide ; 4º enfin de la salive renfermant de petites proportions d'acide chlorhydrique libre. Ils ont constaté : que la deuxième est toujours plus énergique que la première ; que la troisième est plus énergique que la seconde si la salive est diluée, et que la quatrième peut encore être plus énergique que la troisième si la salive est plus diluée, mais seulement pour des traces d'acide libre.

Quand la proportion d'acide libre atteint 0 gr. 03 p. 1000, l'action fermentaire de la diastase salivaire est arrêtée presque complètement.

Dans leur ensemble ces résultats concordent avec ceux que Kjeldahl a obtenus avec la diastase de l'orge germé, ainsi qu'avec ceux que j'ai moi-même publiés pour la salive. Ils sont plus complexes que ne paraissait le faire prévoir l'expérience de Richet, et ils ont une grande portée relativement à la question de savoir si la salive agit ou non dans l'estomac. Il est manifeste que si les liquides de l'estomac acquièrent une acidité correspondant à 0,03 p. 1000 d'acide chlorhydrique libre, la diastase ne pourra pas agir ; elle sera même détruite comme je l'ai fait remarquer dans un chapitre précédent. Cependant durant les premières phases de la digestion, alors qu'il n'y a pas encore d'acide libre, la saccharification commencée dans la bouche pourra se continuer dans l'estomac.

Il faut évidemment rapprocher de l'influence des acides, celle des sels acides qui sont tous plus ou moins nuisibles à l'action de la diastase. C'est ainsi que dans les recherches de Kjeldahl, si l'on représente par 100 l'accroissement normal du sucre en l'absence de sels, cet accroissement devient après l'addition de

0 gr. 10 d'azotate de plomb p. 0/0	20
» de sulfate de zinc	20
» de sulfate de protoxyde de fer	20
» d'alun	2

Les bases alcalines arrêtent l'action de la diastase (69). Duggan (81) a constaté que 0,02 centigr. pour 1000 d'hydrate de soude réduisent l'action de la diastase à 26 p. 0/0 de celle qu'elle exerce en milieu neutre. Les carbonates alcalins, sont aussi des paralysants de la diastase ; l'influence nuisible du carbonate de soude peut être constatée à la dose de 0,50 p. 1000. Il en est de même des sels à réaction alcaline. Les bicarbonates de soude et de potasse sont cependant inactifs (69).

Quant aux sels neutres, leur action est assez variable, comme on peut le voir par les quelques résultats suivants trouvés par Kjeldahl dans les conditions expérimentales que nous avons exposées précédemment. L'accroissement du sucre, comparé à l'accroissement normal, devient après l'addition de :

0 gr. 50 d'arséniate de soude 0/0	20 0/0
0 gr. 50 de NaCl 0/0	90 0/0
Liquide saturé de sulfate de chaux	88 0/0

Duclaux (41, p. 183) a trouvé de son côté que le chlorure de calcium à 1/100 diminue de moitié l'activité de la diastase et que le bichlorure de mercure à 1/1000 la rend très faible.

Kjeldahl a aussi étudié l'influence de quelques produits organiques. L'alcool à la dose de 10 cent. cubes (à 93°) 0/0 réduirait de moitié l'accroissement du sucre. L'acide salicylique à 0 gr. 10 0/0 paralyserait complètement l'action de la diastase. Enfin les alcaloïdes végétaux et en particulier la strychnine n'auraient pas d'influence marquée.

Pepsine. Ce ferment soluble n'exerce son action qu'en solution

acide. L'acide chlorhydrique est, comme nous l'avons déjà dit,
l'acide qui favorise le plus cette action lorsqu'on emploie les acides en proportions chimiquement équivalentes à 2 gr.,3 p. 1000 de
HCl. Mais pour chacun des acides il existe une proportion pour
laquelle l'effet produit est maximum. Dans la digestion de la
fibrine, cette proportion est, d'après A. Petit, pour :

L'acide chlorhydrique évalué en (HCl)....	3 p. 1.000.
Acide bromhydrique id. (H Br)....	5 à 10 p. 1.000.
» sulfurique.... id. (SO^3,HO).....	5 à 10 p. 1.000.
» orthophosphorique. (PHO^53HO)..	5 à 10 p. 1.000
» phosphor. vitreux id. ...	Aucun effet de 5 à 60 p. .000.
» formique..........................	10 p. 1.000.
» acétique..........................	Aucun effet de 20 à 40 p.1.0))
» oxalique..........................	20 à 40 p. 1.000.
» lactique..........................	20 p. 1.000
» tartrique..........................	10 à 40 p. 1.000.
» citrique..........................	20 à 40 p. 1.000.

Dans ses recherches Petit opérait avec 25 cent. cubes de liqueur
acide, 5 gr. de fibrine et 0 gr. 05 de pepsine (durée de l'essai : 12
heures. Température 50°).

On remarquera ce fait curieux que l'acide phosphorique vitreux
s'est montré inactif. Peut-être y a-t-il là une relation avec la propriété que possède cet acide à faibles doses de coaguler l'albumine ?

De ce que la présence d'un acide est nécessaire pour que la digestion pepsique se produise, il s'ensuit que, en présence de toute
substance alcaline, l'action de la pepsine doit être nulle. Il n'y a
donc plus à considérer ici que les composés neutres ou acides.

On doit également à A. Petit des recherches assez étendues sur
ce point. Ces recherches ont été faites dans les mêmes conditions
que celles qui précèdent, mais toujours en présence de 3 p. 1000 de
HCl (40, p. 48).

Nous les résumons dans le tableau suivant. Les chiffres de la
première colonne représentent les proportions de sels qui n'exercent aucune influence sur l'action de la pepsine; ceux de la seconde représentent, pour quelques-uns de ces sels, les doses qui
retardent l'action, et enfin ceux de la troisième représentent les
doses qui arrêtent cette action.

	Doses inactives	Doses qui retardent	Doses qui arrêtent
Chlorure de sodium..........	10 à 80 millièmes	»	160 millièmes
Bromure de potassium	10 à 80 »	»	»
Iodure de potassium..........	10 à 80 »	»	»
Sulfate de magnésie..........	10 à 160 »	»	»
Chlorhydrate d'ammoniaque.	10 à 40 »	»	»
Sulfate de zinc...............	10 à 40 »	»	»
Sulfate de fer................	2 à 20 »	»	»
Sulfate de cuivre............	10 à 40 »	»	»
Protochlorure de fer	2 à 40 »	»	»
Phosphate de soude.........	4 »	10 millièmes	20 millièmes
Bichlorure de mercure......	2 à 4 »	8 à 12 »	16 à 20 »
Émétique....................	2 »	4 »	8 »
Acétate de soude............	» »	4 »	8 à 40 »
Tartrate de potasse et de soude	10 »	20 »	40 »
Tartrate de fer et de potasse..	2 »	4 »	10 à 20 »

Les doses consignées dans le tableau précédent n'ont de valeur réelle que pour les conditions dans lesquelles les expériences ont été faites. Si en particulier on augmente la proportion de pepsine, il faut, pour retarder l'action de celle-ci des doses plus élevées de sels.

. Ces résultats concordent avec ceux que Wolberg a publiés à la même époque que Petit sur ce sujet, sauf en ce qui concerne le chlorure de sodium. D'après Wolberg, la présence de 5 p. 1000 de NaCl activerait les effets de la pepsine (82).

D'une façon générale on peut dire que la plupart des sels neutres en solution étendue (jusqu'à 40 p. 1000) sont sans influence. Ils deviennent nuisibles à la réaction lorsqu'ils sont très concentrés. Il est en outre important de remarquer que l'effet de quelques-uns de ceux qui s'opposent à la digestion de la fibrine tient sans aucun doute à ce que l'acide chlorhydrique, en saturant leur base, met en liberté un acide moins énergique que lui.

A la suite de ces corps, A. Petit en a étudié d'autres très divers; différents alcaloïdes, des huiles essentielles, l'éther, le chloroforme, la benzine, l'acide phénique. Les alcaloïdes et les huiles essentielles, employés à des doses relativement faibles, il est vrai, sont sans action sur la digestion pepsique. Avec l'acide phénique, on retarde l'effet de la pepsine lorsqu'il y en a de 4 gr. à 10 gr. par litre. Enfin l'éther, le chloroforme et la benzine paralysent la fermentation à la dose de 800 gouttes par litre, mais sont sans action à la dose de 200 gouttes.

Trypsine. Nous connaissons fort peu de chose relativement à l'influence des agents chimiques sur l'action de la trypsine. Comme

nous les avons, ce ferment peut exercer son action en milieu alcalin
neutre ou acide. La réaction qui lui convient le mieux est une réaction légèrement alcaline. On obtient un effet maximum lorsque le
liquide renferme de 0,2 à 0,5 0/0 de carbonate de soude. Si la proportion de ce sel augmente, l'activité du ferment diminue. Ainsi,
pour une proportion de 4 0/0 de carbonate de soude la quantité de
fibrine digérée tombe à 21 centièmes.

De très faibles doses d'acide paraissent sans influence sur l'action de la trypsine. Des doses plus fortes la retardent ou l'arrêtent
complètement. Toutefois, on n'est pas d'accord sur la valeur de ces
dernières. Ainsi tandis que certains physiologistes ont constaté
que la digestion trypsique était arrêtée en présence de 0,5 p. 1000
d'HCl (Kühne), d'autres l'ont vu se continuer en présence de
3 p. 1000 du même acide (C. Ewald). On ne peut expliquer ces
contradictions qu'en admettant que, comme pour la diastase, l'action
nuisible de l'acide chlorhydrique peut être empêchée par les
matières protéiques présentes dans la liqueur. Ces matières forment avec l'acide une combinaison qui ne s'oppose pas complètement à l'activité du ferment. Par conséquent, lorsque la
trypsine est impure et mélangée à beaucoup de matières protéiques, lorsqu'en outre on la fait agir sur une proportion considérable d'albuminoïdés, il faut une dose élevée d'acide pour arrêter son
action. Dans tous les cas, comme l'ont constaté Chittenden et
Cummins (83), dès qu'il y a de l'acide libre, le ferment est paralysé.

D'après les mêmes chimistes, l'action de la trypsine serait favo-
risée par la présence de la bile ainsi que par celle du taurocholate
et du glychocolate de soude. Ces faits ont un certain intérêt au
point de vue physiologique, étant donné que la digestion trysique
se fait dans l'intestin.

Présure. L'influence des agents chimiques sur l'action de la
présure a été fort bien étudiée par Duclaux (27, p. 43).

Cette influence dépend en quelque sorte de l'action que ces composés exercent par eux-mêmes sur le lait. Lorsqu'ils peuvent déterminer la coagulation du lait, ils aident à l'action de la présure.
Ainsi l'acide acétique à la dose de 1/100, d'autres acides plus actifs
tels que l'acide lactique et surtout les acides minéraux à des doses
encore plus faibles coagulent le lait à la température ordinaire : tous
ces acides ajoutés aux très petites proportions accélèrent la coagulation par la présure. L'acide borique, cependant, retarde cette

coagulation ; mais il est bon de remarquer que l'acide borique n'est pas un acide franc et qu'il agit comme une base sur certains papiers réactifs. Cette propriété de l'acide borique l'a fait employer par les industriels pour empêcher la coagulation du lait.

Avec les sels neutres, il y a une distinction à établir. La plupart d'entre eux coagulent le lait à la température ordinaire lorsqu'ils sont à des doses suffisamment élevées. Mais quelques-uns, suivant leur nature ou leurs proportions, modifient la caséine. Dans ce dernier cas, le lait avec présure et sel se coagule moins vite qu'avec la présure seule.

Avec les sels qui ne modifient pas la caséine, ou qui ne sont pas en proportions suffisantes pour la modifier, la coagulation est plus rapide.

Les plus intéressants parmi ces sels, sont les sels alcalino-terreux qui, ajoutés en quantité très minime accélèrent notablement la coagulation par la présure. Avec 1 gr. de chlorure de calcium par litre, le lait se coagule deux fois plus vite. Les chlorures sont presqu'aussi actifs.

Par contre, l'action de la présure est très nettement contrariée par l'état d'alcalinité de la liqueur ; que cette alcalinité provienne de l'addition d'une base alcaline, ou d'un sel à réaction alcaline.

Les faits que nous venons d'exposer dans ce chapitre paraissent tout d'abord très variés. On peut cependant en tirer quelques notions générales.

Ces faits nous montrent surtout que les fermentations déterminées par les ferments solubles sont extrêmement sensibles à la présence de la plupart des agents chimiques. Il n'y a que les substances qui arrêtent le développement des micro organismes parce qu'ils s'opposent à la respiration du protoplasma, qui, d'une façon générale, sont sans influence sur le processus. Quant aux agents actifs, ils n'agissent pas sur tous les ferments ou leur influence est variable suivant le ferment considéré. Les acides arrêtent la digestion trypsique et sont nécessaires à la digestion pepsique ; celle-ci est empêchée par les alcalis qui accélèrent la première. Le chlorure de calcium, aux plus petites doses, paralyse ou retarde l'action de la diastase et de l'invertine ; il favorise au contraire celle de la présure. Nous avons encore là une preuve de la spécificité des ferments solubles.

CHAPITRE V

Berzelius pensait que les décompositions déterminées par les ferments en général devaient être rapportées à des actions de contact. Il les comparait à l'action bien connue de la mousse de platine sur l'eau oxygénée. Mais il s'agit dans ce dernier cas de l'action d'une substance insoluble sur une substance soluble, ce qui enlève de la valeur à la comparaison, car, dans les fermentations que nous considérons ici, le ferment et la matière fermentescible sont la plupart du temps tous deux en solution. Il resterait en tout cas à démontrer que les ferments solubles ne manifestent aucune affinité chimique durant l'acte fermentaire.

Liebig supposait que les ferments solubles sont des corps en voie de décomposition qui communiquent leur état de mouvement aux substances renfermées dans le milieu ambiant. Mais rien ne prouve que ces ferments sont réellement des corps en voie de décomposition ni qu'une telle propriété soit transmissible aux substances voisines. L'opinion de Liebig est au contraire en opposition avec ce fait, que les ferments solubles résistent aux causes les plus puissantes de décomposition, puisque dans des conditions dans lesquelles beaucoup de combinaisons organiques sont rapidement détruites, notamment dans la putréfaction, ces ferments n'éprouvent aucune modification.

Ni l'explication de Berzelius ni celle de Liebig ne peuvent donc plus être défendues aujourd'hui. Si l'on s'en rapporte aux seuls faits définitivement établis, il faut tenir compte en premier lieu de ce que les actions fermentaires les mieux connues, telles que celles de l'invertine, de l'émulsine, de la diastase et de la pepsine consistent dans l'hydratation de la substance fermentescible. Le ferment étant la cause de cette hydratation, plusieurs chimistes se sont ralliés à une opinion, d'après laquelle il participerait transitoirement à la réaction, absorbant de l'eau pour la céder immédiatement après à la substance fermentescible. Le phénomène se passerait en deux temps ; 1° formation d'une combinaison du ferment soluble avec l'eau ; 2° décomposition immédiate de cette combinaison et absorption de l'eau par la substance fermentescible qui se dédouble. Le ferment étant régénéré à chaque réaction, une quantité limitée de ce ferment pourrait, théoriquement, amener le dédoublement d'une quantité illimitée de matière fermentescible. Le ferment soluble ne devrait donc pas être détruit durant la fermentation. C'est là un point que nous allons examiner.

Voyons d'abord si l'effet produit par un ferment soluble est proportionnel à la quantité de ferment employé, et prenons comme exemples deux des fermentations les plus connues, celles que produisent l'invertine (A. Mayer, 29, p. 84) et la diastase (Kjeldahl, 65, p. 117).

Dans les recherches de Ad. Mayer, des solutions d'invertine renfermant des proportions différentes de ferment étaient mélangées à dix fois leurs poids de solution de sucre de canne à 10 0/0.

Après 4 heures de contact, l'analyse a donné les résultats consignés dans le tableau suivant.

Invertine par rapport au sucre.	Sucre interverti pour 100.	
	En totalité.	Par heure.
1 0/0	70	17,5
0,5	38,2	9,5
0,25	21,8	5,5
0,12	12,5	3,1
0,06	6,7	1,7

Ces nombres ne représentent pas une proportionnalité complète. Toutefois, l'écart n'est pas considérable, et si l'on ne tient pas compte de l'essai n° 1 dans lequel l'invertine ne trouve plus en dernier lieu que de petites quantités de sucre à intervertir, on peut bien affirmer que l'action de l'invertine est proportionnelle à la quantité de ferment employé.

Pour déterminer le rapport entre la quantité de diastase employée et celle du sucre formé, Kjeldahl traitait plusieurs portions d'empois, contenant chacune 10 gr. d'amidon, par différentes quantités d'extrait de malt. Il opérait à la température de 57°, et arrêtait l'opération au bout de 10 minutes. Les résultats de ses expériences sont les suivants :

Extrait de malt (cent. cubes.)	Sucre en centigr. après corrections pour l'extr. de malt	Pouvoir réducteur
Nᵒˢ 1... 2	0,313	9,6
2... 4	0,596	18,3
3... 6	0,864	26,2
4... 8	1,070	32
5.. 10	1,190	36
6.. 12	1,300	39

Ici encore nous retrouvons la proportionnalité pour les petites doses de diastase. Constatons cependant qu'elle n'existe plus dès l'essai nᵒ 3. Doit-on croire comme Ad. Mayer le suppose que la solution renferme alors un excès d'agent actif qui ne trouve plus matière à exercer son activité ? Cela paraît peu vraisemblable ; car la saccharification est alors encore très éloignée de son terme. La réaction déterminée par la diastase est une de ces réactions complexes dont nous avons parlé, et l'on s'expliquerait parfaitement ce défaut de proportionnalité en admettant que les dernières phases de la réaction s'exécutent plus lentement que les premières.

Quoiqu'il en soit, les fermentations du genre de celles de l'amidon par la diastase paraissent être des phénomènes trop complexes pour pouvoir servir à l'édification d'une théorie des fermentations, et, comme parmi les fermentations plus simples, celle que l'invertine détermine est la mieux étudiée, nous insisterons plus spécialement sur cette dernière.

La proportionnalité de l'effet à la quantité de ferment employé ne préjuge d'ailleurs en rien la question de savoir si le ferment est ou non détruit en exerçant son action. Mais s'il était démontré que l'effet du ferment est proportionnel au temps, il serait démontré par là que ce ferment ne s'use pas. On ne comprendrait pas un effet proportionnel au temps produit par une cause qui s'use en produisant son effet.

Ad. Mayer a également étudié la question de la proportionnalité de l'action de l'invertine avec le temps. Il s'est servi pour cela d'une solution très étendue de ferment (2 cent. c.), qu'il a mélangée

à une solution de sucre de canne à 10 0/0 (20 c. c.). L'expérience
a été faite à la température ordinaire.

Temps.	Sucre interverti pour 100.	
	En totalité.	Par heure.
Immédiatement	1	
1 heure	1.6	1,0
17 h. 1/2	18.2	1,0
22 h. 1/2	23.4	0,8
44 h.	39.8	0,5
95 h.	66.2	0,3
120 h.	74.4	0,35
145 h.	83.2	
169 h.	90.6	

L'effet n'est à peu près proportionnel au temps que pendant les
2 premiers jours ; ensuite la réaction se ralentit de plus en plus.

Duclaux a fait des recherches analogues et il est arrivé aux
mêmes résultats.

Pour admettre la proportionnalité de l'effet au temps, il faut
évidemment expliquer le retardement qui se manifeste à la fin de
l'expérience.

On peut faire à cet égard trois hypothèses : ou bien le sucre, en
excès à l'origine, favorise l'interversion ; ou le sucre interverti à la
fin la retarde ou enfin le ferment s'use en exerçant son action.

Si l'on met la même quantité d'invertine, 20 milligrammes, par
exemple, dans 100 cent. cubes de solutions à 10, 20 et 40 0/0 de sucre
de canne (à 37°), on observe que pendant les premières heures de
l'action, les quantités de sucre interverties dans l'unité de temps,
sont les mêmes dans les trois liqueurs (Duclaux). La première
hypothèse se trouve ainsi écartée, puisque l'invertine produit le
même effet quelque soit la proportion du sucre qui l'entoure.

Mais si on fait agir une même quantité d'invertine d'une part
sur une certaine proportion de sucre de canne, et d'autre part sur
une égale proportion de sucre de canne additionnée de sucre interverti, on remarque que la diminution de l'effet est bien plus rapide
dans le deuxième cas que dans le premier. Il s'en suit que l'accumulation des produits de la réaction doit être une cause du ralentissement de cette réaction. Ce résultat n'exclut pas d'ailleurs la
troisième hypothèse ; le ralentissement pourrait être dû à la fois à
l'accumulation des produits de la réaction et à une destruction du

ferment. Il a donc fallu examiner cette hypothèse par des expériences directes.

Nous relaterons seulement l'une de celles que Ad. Mayer a publiées sur ce sujet.

20 cent. cubes de solution de sucre de canne à 10 0/0 furent
additionnés de 2 cent. cubes de solution d'invertine et maintenus
à la température de 30° jusqu'à l'achèvement de l'interversion.

20 cent. cubes de la même solution sucrée furent traités à l'ébullition par 2 cent. cubes d'acide sulfurique étendu, de façon à produire le même résultat. L'acide fut ensuite enlevé en suivant les
procédés ordinaires et le volume ramené à 22 cent. cubes. La
première solution fut additionnée de 10 0/0 d'eau et de 20 cent.
cubes de solution sucrée. — La deuxième fut additionnée de 20 cent.
cubes de solution sucrée et de 2 cent. cubes de solution d'invertine.

Il s'agit ici, comme on le voit, de savoir si l'invertine ayant déjà
agi produira le même effet que l'invertine fraîche. On s'est arrangé
pour que la cause du ralentissement attribuable aux produits de la
réaction fut la même dans les deux cas.

L'expérience a duré trois heures. La première invertine avait
interverti 5, 8 0/0 du sucre par heure et la deuxième 6 0/0. Il semble donc que l'invertine n'a pas éprouvé d'affaiblissement en exerçant son action.

Ce sont là malheureusement les seuls faits que l'on peut invo-
quer en faveur de la non destruction des ferments solubles durant
la fermentation. Pour d'autres ferments solubles que l'invertine,
pour la pepsine, pour la diastase, on a plutôt observé des limites
nettes de leur activité (84 et 85). Il est vrai qu'on a invoqué comme
cause de destruction des causes étrangères à la fermentation, par
exemple des actions oxydantes qui amèneraient peu à peu la destruction totale des ferments ; mais ces assertions sont basées sur
des probabilités et non sur des preuves positives. Tout ce qu'on
peut dire de général sur ce sujet, c'est que l'effet que produisent
les ferments solubles est extraordinairement grand par rapport à
leur masse.

Ces résultats peu satisfaisants, il faut bien le dire, ne suffi-
raient cependant pas pour faire rejeter la théorie des fermentations que nous sommes en train d'examiner.

Dans cette théorie, l'invertine, si nous prenons encore l'invertiné pour exemple, absorberait de l'eau pour la céder ensuite au sucre de canne et celui-ci se dédoublerait aussitôt en glucose et en lévulose. L'action de l'invertine pourrait être comparée à l'action du bioxyde d'azote dans la fabrication de l'acide sulfurique. On sait qu'en présence de l'air l'anhydride sulfureux ne s'oxyde pas, tandis que le bioxyde d'azote s'oxyde et se change en acide hypoazotique. Lorsque les deux gaz sont réunis, le premier s'oxyde tandis que le second reste intact.

Conformément à cette manière de voir, on a cherché à obtenir d'une façon définitive la combinaison d'invertine et d'eau qui se formerait transitoirement durant la fermentation. On a chauffé avec de l'eau de l'invertine préalablement désséchée à 100°; on l'a désséchée à nouveau ; le poids n'avait pas augmenté.

Des recherches effectuées sur d'autres ferments solubles n'ont pas donné de meilleurs résultats. Seul, Würtz parait avoir transformé la papaïne en un produit plus hydraté, en maintenant une solution de ce ferment à 50° pendant plusieurs semaines.

Si donc nous voulons résumer ce qui précède, nous sommes obligés de reconnaître qu'il n'est pas démontré : 1° que les actions produites par les ferments solubles sont proportionnelles au temps ; 2° que le ferment ne s'use pas en produisant son effet et 3° que le ferment s'hydrate transitoirement durant la fermentation.

Assurément on peut se dire que ces insuccès ne sont pas définitifs et qu'un jour ou l'autre on arrivera à faire la preuve de ces propositions. Mais une théorie qui ne repose que sur des espérances de preuves, alors surtout que ceux qui ont voulu la défendre n'ont pas réussi à donner ces preuves, est une théorie sans valeur scientifique.

Il faut nous rappeler enfin que chaque ferment soluble exerce son action sur une ou plusieurs substances tout à fait déterminées. Voici par exemple l'invertine qui hydrate le sucre de canne et amène son dédoublement ; cette même invertine n'a d'action ni sur le maltose (86) ni sur le lactose (29, p. 111), et pourtant ces deux derniers sucres appartiennent au même groupe chimique que le sucre de canne et ils sont comme lui hydratés et dédoublés par les acides étendus. C'est là une circonstance qui doit paraître peu en harmonie avec la théorie que nous discutons, car lorsqu'on parle d'agents hydratants dans le domaine de la chimie, il s'agit d'agents dont l'action est de nature très générale.

Würtz a soutenu une théorie voisine de la précédente. Cette théorie repose sur les faits suivants (87).

Des matières albuminoïdes plongées dans une solution de papaïne fixent d'abord celle-ci et peuvent être lavées à grande eau sans céder le ferment. Mises à digérer ensuite à 40° C dans l'eau pure elles entrent en dissolution à l'état de peptone en même temps que la papaïne se trouve régénérée, et peut par conséquent agir sur une nouvelle quantité d'albuminoïde. — La pepsine se comporte d'une manière toute semblable.

Würtz en conclut que l'action du ferment s'explique par une fixation incessante de ce ferment sur la matière albuminoïde pour former une combinaison passagère que l'eau dédouble en donnant des peptones et en régénérant le ferment.

C'est une théorie semblable à celle de l'éthérification de l'alcool par l'acide sulfurique. L'éthérification a lieu en deux phases : dans la première, l'acide réagit sur l'alcool en donnant de l'acide éthylsulfurique et de l'eau ; dans la seconde, l'alcool resté libre réagit sur l'acide ethylsulfurique, donne de l'éther et régénère l'acide sulfurique.

La théorie de Würtz serait acceptable s'il était réellement établi qu'en se fixant sur la matière albuminoïde, la pepsine ou la papaïne donnent naissance à une combinaison passagère comparable à l'acide éthylsulfurique dans l'éthérification. Mais la pepsine et la papaïne ne sont pas les seuls ferments qui possèdent la propriété de se fixer sur les albuminoïdes. Tous les autres ferments solubles sont également fixés par eux. Et cependant ils ne les digèrent pas. Cette propriété n'a donc rien à faire avec l'action fermentaire.

Comme on le voit, aucune de ces théories n'explique d'une manière satisfaisante l'action des ferments solubles. Ad. Mayer (29, p. 115) a attiré l'attention sur un fait qu'on avait trop oublié dans les théories précédentes, nous voulons parler de la possibilité de produire les mêmes effets que ceux que nous obtenons avec les ferments, à l'aide de l'eau seule employée à haute température. Cette circonstance, pense-t-il, tendrait à faire supposer que les ferments solubles agissent en élevant la température moléculaire des corps fermentescibles.

Ad. Mayer a basé sur ce fait une théorie qui se confond à peu près avec celle que Naegeli a formulée sur le même sujet. Les ferments n'entreraient pas eux-mêmes en combinaison ; mais ils agiraient, par suite des mouvements de leur molécule, sur des groupes déterminés d'atomes dont ils provoqueraient le déplacement et un groupement nouveau (88).

En réalité, les ferments exercent leur action, comme s'ils mettaient en œuvre une force accumulée dans une matière dont la composition chimique peut d'ailleurs être très variable — force qui doit déterminer une réaction tout-à-fait spécifique.

L'approvisionnement de cette force se ferait pendant la vie de l'être qui secrète le ferment, et celui-ci serait ainsi une sorte de reste de l'organisme qui lui a donné naissance.

DEUXIÈME PARTIE

DES FERMENTATIONS PRODUITES PAR LES FERMENTS ORGANISÉS

CHAPITRE PREMIER

NOTIONS GÉNÉRALES DE MORPHOLOGIE.

Des fermentations peuvent être déterminées par des végétaux appartenant à trois groupes différents : les *Moisissures*, les *Levûres* et les *Bactéries.*

§ I. — Moisissures.

On réunit sous le nom de Moisissures un grand nombre de Champignons de petite taille appartenant aux divers ordres de cette classe de Cryptogames.

Tels sont l'*Aspergillus niger* V. Tiegh. et le *Penicillium glaucum* Link, qui appartiennent aux Ascomycètes ; les Mucor, le Rhizopus nigricans Ehrb. qui font partie des Oomycètes.

Ces champignons ne sont pas des ferments proprement dits ; mais ils sont, parmi tous les autres êtres, ceux qui présentent au plus haut degré le caractère ferment, lorsqu'on les fait vivre à l'abri de l'air. Ils constituent par conséquent une sorte de transition entre les végétaux ordinaires et les ferments.

Quelques-uns d'entre eux et en particulier ceux qui viennent d'être nommés se développent à la surface des moûts sucrés dont ils consomment les matériaux nutritifs. Dans ces conditions, ils se conduisent comme les champignons supérieurs, et s'ils se rapprochent des ferments, c'est uniquement par leur énergie destructive, qui est considérable.

Vient-on à les submerger dans le liquide sucré de manière à les soustraire au contact de l'oxygène de l'air, ils continuent bien à se développer en consommant du sucre ; mais ils ne le brûlent pas comme tout à l'heure, ils le scindent en alcool et en acide carbonique.

Avec le Penicillium et l'Aspergillus, la proportion d'alcool est toujours faible ; par la raison que la vie dans ces nouvelles conditions est trop peu active. Elle est plus élevée, et se rapproche même de celle que l'on obtient avec les levûres, lorsqu'on a affaire aux Mucor et principalement aux *Mucor racemosus* Fries, *mucedo* L. (1, 2, 3), *spinosus* V. Tieg. et *circinelloïdes* (4) qui résistent mieux à la privation d'oxygène. En même temps, il se produit un changement complet dans leur genre de végétation.

Les tubes myceliens grêles, sans cloisons transversales de la plante normale se partagent rapidement par des cloisons en cellules distinctes, qui se gonflent en prenant la forme de tonneau, se séparent et se ramifient par bourgeonnement à la manière de la levûre. Quelques-unes de ces cellules produisent aussi en bourgeonnant des sortes de tubes allongés. Plus la plante est privée d'oxygène, moins il se forme de ces tubes. Dans ce dernier cas les cellules du Mucor pourraient être confondues avec les globules de levûre ordinaire, bien que les premières soient toujours de dimensions plus grandes que les secondes.

La *levûre de Mucor*, comme on l'a appelée, placée à l'air dans les conditions de sa vie habituelle, reprend toujours les formes connues du Mucor. Cette dernière circonstance ne permet pas de soutenir, comme on l'a fait, que les Mucor peuvent se transformer en levûre (5).

La fermentation alcoolique exceptionnellement déterminée par les moisissures ne paraît pas d'ailleurs susceptible d'applications. D'autres réactions produites par ces végétaux, comme la transformation du tannin en acide gallique par le *Penicillium glaucum* ou par l'*Aspergillus niger* (6), ou encore les modifications apportées dans les solutions médicamenteuses par les Hygrocrocis (7), très intéressantes en elles-mêmes, ne rentrent pas dans notre sujet. Nous nous bornerons donc à ces quelques détails qui présentent une certaine importance relativement à la théorie de la fermentation.

§ II. — Levûres.

Le type des levûres est la levûre de bière que tout le monde connaît. Elle se compose de cellules rondes ou ovales qui ont de 8 à 9 μ (1 $\mu =$ 1 millième de millimètre) dans leur plus grand diamètre. Ces cellules, dont la membrane est mince et incolore, renferment un protoplasma également incolore, tantôt homogène, tantôt contenant de petites granulations.

Les cellules de levûre se multiplient habituellement par bourgeonnement. Lorsqu'elles se trouvent dans un liquide nutritif convenable, on voit naître en un ou plus rarement en deux points de leur surface des renflements vésiculeux dont l'intérieur se remplit aux dépens du protoplasma de la cellule-mère. Ces renflements s'accroissent et finissent par atteindre les dimensions de la cellule-mère. Ils constituent alors de nouvelles cellules qui, se détachant ou restant encore quelque temps adhérentes à la cellule qui leur a donné naissance, bourgeonnent à leur tour. Lorsqu'on examine de la levûre au microscope on peut donc observer des cellules isolées, ou des groupements de plusieurs cellules.

Tels sont les caractères morphologiques et végétatifs de toutes les levûres ; mais ils ne suffisent pas à les distinguer d'autres organismes voisins qui les possèdent également. On n'en connaissait pas d'autres il y a une trentaines d'années ; aussi le groupe des levûres n'était-il aucunement défini.

On a cru par la suite qu'en faisant intervenir la propriété que possèdent les levûres de déterminer la fermentation alcoolique des sucres on les caractériserait davantage. Mais nous avons déjà vu (Introduction) que cette propriété appartient à toute cellule vivant dans un milieu sucré hors du contact de l'oxygène. Elle ne peut donc servir non plus comme caractère de distinction.

En 1870, Reess (1) découvrît que les levûres peuvent se reproduire par un mode différent de celui que nous venons de décrire. Ayant déposé de la levûre sur des tranches de pomme de terre ou dé carotte, il remarqua que dans certaines cellules se produisaient des spores. En raison de la conformité que ces spores présentaient sous certains rapports avec celles des Ascomycètes inférieurs, Reess les appela ascospores, et rangea les levûres parmi les *ascomycètes*.

La découverte de cet important caractère permettait de circonscrire le groupe des levûres. C'est ce que fit Reess. Il ne conserva dans ce groupe que *les champignons ascomycètes simples, sans véritable mycelium et dont les cellules produisent en bourgeonnant des cellules semblables*.

En même temps, comme plusieurs noms génériques avaient été employés pour désigner les levûres (*Mycoderma* (2), *Saccharomyces* (3), *Torula* (4), *Cryptococcus* (5) *Hormiscium* (6), il choisit celui de *Saccharomyces* de Meyen, qui avait sur les autres l'avantage de n'avoir pas été appliqué à d'autres espèces de champignons très différentes. C'est ce nom de Saccharomyces qui a prévalu.

Restait à différencier les espèces de Saccharomyces. Reess a bien essayé de le faire, et dans son mémoire il décrit sept espèces dont les caractères distinctifs sont tirés de la forme et de la grosseur des cellules. Malheureusement les observations de Reess ne se rapportent pas à des cultures pures, et comme la forme et la grosseur des cellules varient dans une certaine mesure suivant les milieux de culture et les conditions extérieures, ses déterminations spécifiques sont restées incertaines.

Il y a cependant un intérêt capital à ce que les espèces du genre Saccharomyces soient nettement délimitées, aussi bien au point de vue pratique qu'au point de vue physiologique. Pour les praticiens il est très important de savoir si on peut soumettre à une culture méthodique les différentes espèces dont on affirme l'existence et chercher à leur faire donner des produits autres et meilleurs que ceux qu'elles donnent actuellement, ou si les levûres spontanées sont une cause de trouble dans les fermentations industrielles. La solution du problème n'offre pas moins d'intérêt pour les physiologistes qui doivent expérimenter sur des espèces bien déterminées, s'ils veulent que leurs travaux aient une valeur indiscutable.

Y a-t-il même des espèces de levûre? La question a été posée et résolue dans des sens divers. On a prétendu qu'une levûre pouvait dégénérer, donner naissance à des variétés nouvelles suivant les milieux de culture. Mais, il faut l'avouer, toutes les observations sur lesquelles on s'est appuyé pour affirmer telle ou telle opinion sont sans valeur, car elles n'ont pas eu pour point de départ une culture pure, c'est-à-dire une culture dans laquelle il n'y avait réel‑ lement à l'origine qu'une seule espèce.

Dans l'ignorance où l'on est si les levûres commerciales sont des mélanges d'espèces diverses ou non, il n'y avait qu'une seule manière d'arriver à la culture pure d'une espèce : obtenir des cul‑ tures à l'aide d'une seule cellule comme point de départ. C'est ce qu'a fait Hansen (7). Son procédé paraît très simple en théorie. D'après le savant danois, on introduit dans un ballon Pasteur ren‑ fermant de l'eau stérilisée une petite portion de la levûre dont on désire obtenir une culture à l'état de pureté. On secoue le ballon pour répartir uniformément les cellules dans le liquide et à l'aide d'un compte-globules on compte le nombre de cellules contenues dans 1 cent. c. La connaissance de ce nombre permet alors d'éten‑ dre une portion du liquide secoué de telle sorte que 1 c. c. du mé‑ lange définitif contienne, par exemple, 0, 5 de cellule. Si, par con‑ séquent, prenant une série de ballons renfermant un liquide nourricier stérilisé, on ajoute dans chacun de ces ballons 1 c. c. du mélange, il n'y en aura que la moitié qui recevront chacun une cellule. Assurément, il arrivera que plusieurs ballons recevront plusieurs cellules ; car la répartition égale des cellules est difficile à obtenir. Mais la règle suivante permet de savoir dans quel cas l'ensemencement a été fait à l'aide d'une seule cellule : dans les ballons qui ont reçu plusieurs cellules, on voit apparaître dans le liquide nourricier, plusieurs taches de levûre correspondant cha‑ cune au développement de l'une de ces cellules qui est un centre de végétation ; dans ceux au contraire qui n'ont reçu qu'une cel‑ lule, il ne se produit à l'origine qu'une seule tache. On ne continue l'observation que sur ces derniers.

A l'aide de ce procédé, Hansen a donc pu isoler des *espèces* de levûres. Il s'est attaché ensuite à chercher des caractères distinc‑ tifs de ces espèces plus nets que ceux qui avaient servi à Reess, pour sa description des différentes levûres.

En premier lieu, il a étudié la formation des ascospores et s'est servi pour cela d'une méthode imaginée par Engel (8). Voici en quoi elle consiste : les cellules de levûre sont semées sur la surface unie d'un bloc de plâtre stérilisé, qu'on place ensuite dans un petit cristallisoir renfermant de l'eau, afin que cette surface soit mainte‑

nue humide ; après quoi on recouvre le vase avec une plaque de verre ou autrement. Les cristallisoirs sont portés ensuite dans une étuve chauffée à une température convenable. Il a été reconnu que les spores se développent de préférence en l'absence d'aliments ; c'est pour cela que les blocs de plâtre donnent de meilleurs résultats que les tranches de carottes.

Hansen a constaté ainsi que les levûres industrielles aussi bien que les levûres sauvages peuvent fournir des ascospores. Leur forme ne varie pas beaucoup d'une espèce à l'autre ; mais leur formation a lieu dans des limites de température qui diffèrent suivant les espèces. Nous nous servirons de ce caractère dans la courte description que nous donnerons des différentes espèces de levûres.

Hansen a également étudié une propriété des levûres dont nous n'avons pas encore parlé et sur laquelle Pasteur a insisté le premier (9) : celle de former des *voiles* à la surface des liquides fermentés.

Lorsqu'on abandonne à lui-même un ballon renfermant un moût dont la fermentation est terminée, les cellules de levûre au lieu de rester inertes au fond du vase se remettent à bourgeonner et viennent former à la surface une sorte de voile mycodermique ou une couronne contre les parois du ballon au niveau du liquide. Vient-on à semer une trace de la nouvelle production dans un moût sucré, elle y provoque la fermentation après avoir bourgeonné comme la levûre ordinaire. Cette production n'est donc rien d'autre que la levûre ; mais c'est de la levûre qui végète autrement que celle qui lui a donné naissance, puisqu'elle absorbe l'oxygène de l'air et dégage de l'acide carbonique dont elle tire les éléments des matières hydrocarbonées renfermées encore dans la liqueur, tandis que l'autre transformait le sucre en alcool et en acide carbonique. En raison de ces faits, Pasteur admet qu'une levûre peut se présenter sous deux états : elle est *anaérobie* durant la fermentation c'est-à-dire qu'elle vit sans air ; elle devient *aérobie* après la fermentation, elle monte à la surface au contact de l'air et végète à la manière des moisissures.

Toutes les levûres peuvent vivre sous ces deux états. Au reste, il est bon de remarquer que cette propriété de former des voiles ne leur est pas particulière ; on la rencontre encore chez d'autres organismes voisins des levûres et aussi chez les bactéries dont nous nous occupons plus loin.

D'après Hansen (10), l'une des conditions pour que le développement des voiles soit bien marqué, c'est que la levûre sur laquelle on opère ait largement accès à l'air atmosphérique. Le même observateur a constaté que la formation des voiles a lieu entre des limites de température différentes suivant les espèces considérées. Ce fait peut donc encore entrer en ligne de compte pour la distinction des espèces.

En résumé les travaux du savant danois ont ouvert des horizons nouveaux sur cette question de la délimitation des espèces chez les Saccharomyces. Il ne faudrait pourtant pas croire qu'ils l'ont simplifiée. Ils l'ont au contraire rendue plus complexe. C'est ainsi qu'il a isolé dans la levûre basse des brasseries (Voir plus loin pour la définition des termes : *levûre basse*, et *levûre haute*) 10 espèces de Saccharomyces (11). Marx est allé plus loin encore et dans un travail récent, effectué d'après les procédés de Hansen, il signale 58 espèces de levûres de vin (12).

Dans ces conditions, doit-on réellement considérer les levûres ainsi isolées comme des *espèces* au vrai sens du mot. Ne sont-ce pas plutôt des races ainsi que nous en connaissons parmi les animaux domestiques ? « Une levûre, a dit Pasteur, (9, p. 193) est une réunion de cellules qui ne sauraient être individuellement identiques. Chacune de ces cellules a des propriétés d'espèce ou de race qu'elle partage avec les cellules voisines, et, en outre, des caractères propres qui la distinguent et qu'elle est susceptible de transmettre dans des générations successives. Si donc on parvenait à isoler dans une levûre déterminée les diverses cellules qui la composent et qu'on pût cultiver à part chacune d'entre elles, on obtiendrait un nombre égal de levûres qui, vraisemblablement seraient distinctes les unes des autres, parce qu'elles participeraient chacune des propriétés individuelles de leur cellule d'origine ». Hansen qui fait des cultures en partant d'une seule cellule, réalise l'expérience dont parle ici Pasteur, et suivant les prévisions de ce dernier savant, il trouve un nombre considérable d'espèces ou plutôt de variétés.

En définitive, on crée des races par ce procédé, comme l'horticulteur, profitant d'un caractère nouveau apparu spontanément sur une plante, crée une nouvelle variété en en cultivant les graines.

Toutefois, hâtons-nous de le dire, les travaux de Hansen peuvent rendre de grands services à l'industrie. Ils laissent prévoir qu'on arrivera à *perfectionner* les levûres. En effectuant des séries de cultures dérivant chacune d'une cellule unique, on rencontrera sans doute des levûres douées de qualités physiologiques nouvelles et avantageuses, et il n'y aura plus qu'à les multiplier pour les utiliser ensuite dans les fabrications des boissons fermentées (13).

D'après ce que nous venons de dire, il semble que dans une description des levûres, la caractéristique du genre ait, seule, de l'importance. Toutefois, si grand que puisse devenir le nombre des espèces on variétés de ces organismes, il ne me paraît pas douteux que ces espèces viendront se grouper autour de certains types auxquels elles se rattacheront par des caractères communs. Il n'en va pas autrement pour celles de nos plantes cultivées qui ont fourni le plus de variétés.

On peut enfin supposer que les espèces qui ont été décrites antérieurement resteront au nombre de ces types. C'est en raison de ces considérations que nous nous sommes décidés à donner brièvement une diagnose des principales d'entre ces dernières.

Mais auparavant, il nous faut encore expliquer ce qu'on doit entendre par *levûre haute* et *levûre basse*.

Dans la fabrication industrielle de la bière, on emploie deux sortes de levûres. L'une fonctionne à la température ordinaire (16 à 20°) et la fermentation s'achève en deux ou trois jours ; l'autre agit à une température très basse (6 à 8°) et la fermentation est très lente. Celle-là, ensemencée dans un liquide sucré, est soulevée par le gaz carbonique dès qu'il se dégage et monte à la surface pendant la fermentation. Dans les tonneaux où la bière fermente par l'action de cette levûre, elle sort par la bonde et se déverse en grande partie au dehors. L'autre au contraire n'est pas soulevée par le gaz et reste tout entière au fond du liquide durant la fermentation. La première a été appelée levûre haute et la fermentation est dite *par le haut* ; la seconde a été désignée sous le nom de levûre basse et la fermentation est dite *par le bas*. Ces désignations ont été appliquées aux autres levûres suivant l'apparence de la fermentation.

Saccharomyces. Meyen. Champignons simples, *sans mycelium*, se *multipliant ordinairement par bourgeonnement*. Les cellules variables en forme et en dimensions suivant les espèces, produisent dans certaines conditions des *spores endogènes*. Nombre des spores ; 1 à 10, le plus fréquemment 1 à 4. Les spores transportées dans un liquide nutritif grandissent et deviennent des cellules de levûres qui se multiplient par bourgeonnement. Les Saccharomyces doivent être rangés dans l'ordre des champignons *ascomycètes*.

1. *Saccharomyces cerevisiæ* Meyen. Cellules rondes ou ovales de 8 à 9 μ. dans leur plus grand diamètre. Les cellules bourgeons se détachent rapidement pendant une végétation lente, mais restent réunies en chaînes lorsque la végétation est rapide. Les asques ont de 11 à 14 μ. et les spores de 4 à 5 μ. (D'après Reess).

On fait rentrer dans cette espèce les deux variétés de levûre (haute et basse) employées dans la fabrication de la bière.

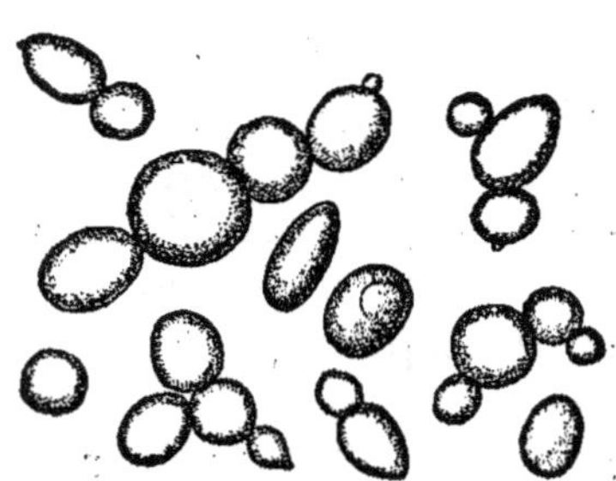

Fig. 1. — S. Cerevisiæ.
(d'après HANSEN).

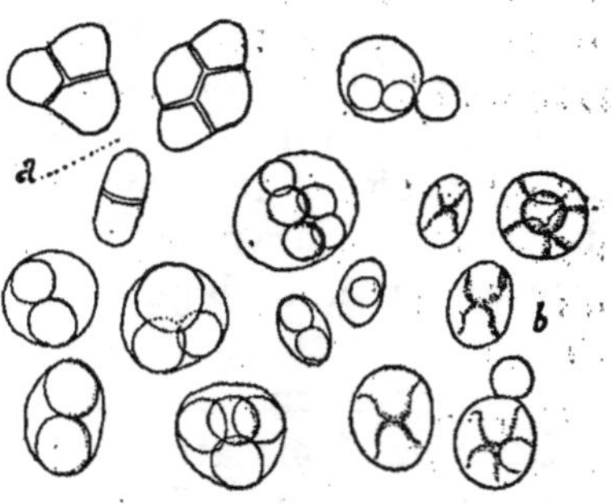

Fig. 2. — S. Cerevisiæ. Ascospores.
(d'après HANSEN).

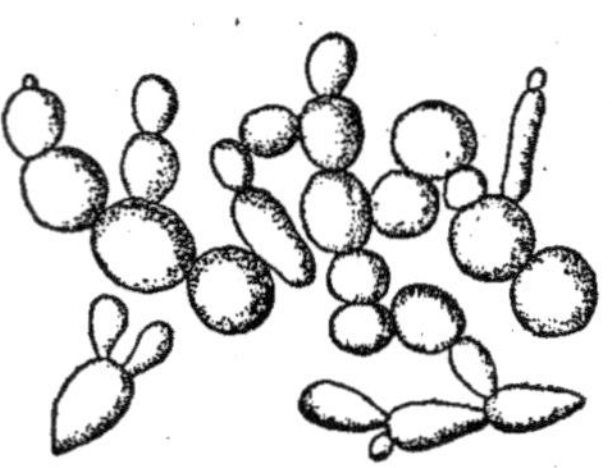

Fig. 3. — S. Cerevisiæ. Voile,
(15 à 6°C) (d'après HANSEN).

S. Cérevisiæ I de Hansen (fig. 1). Levûre haute utilisée dans les brasseries anglaises, rapportée par Hansen au type précédent. Développe des ascospores (fig. 2) aux températures comprises entre 11° et 37° C. Grosseur des spores 2, 5 à 6 μ. Développe son voile (fig. 3) aux températures comprises entre 7° et 38°, le plus rapidement à 22°.

2. *S. ellipsoideus.* Reess. Cellules végétatives elliptiques de 6 μ. dans leur plus grand diamètre, se séparant facilement dans une végétation lente ; mais restant unies en flocons ramifiés et courts lorsque la végétation est rapide. Les spores ont de 3 à 3, 5 μ.

Levûre spontanée, constitue le ferment spécial du jus de raisin. D'après Reess.

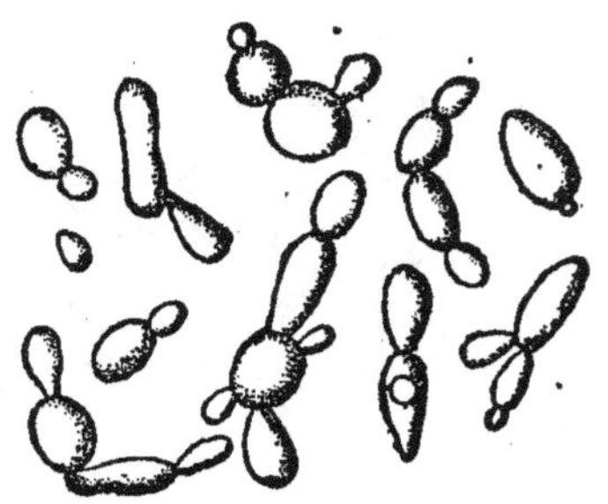

Fig. 4. — S. ellipsoïdeus.
(d'après HANSEN).

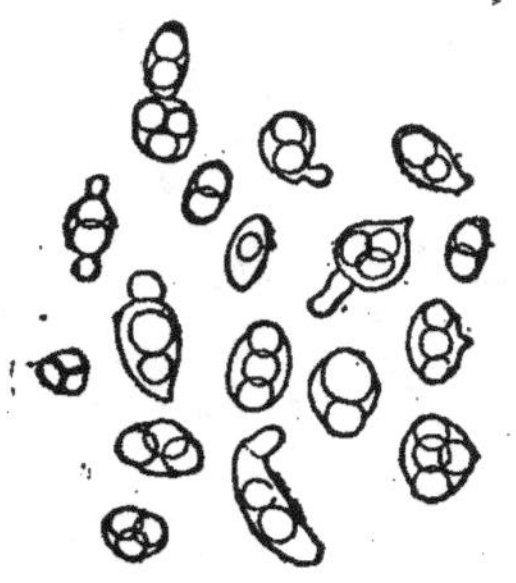

Fig. 5. — S. ellipsoïdeus.
Ascopores.(d'après HANSEN)

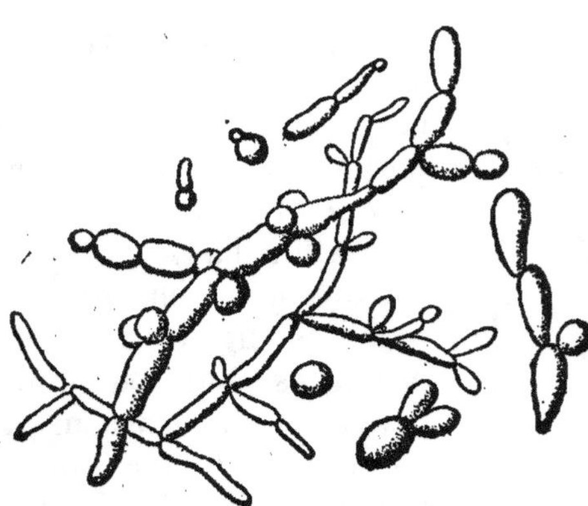

Fig. 6. — S. ellipsoïdeus. Voile (13-15°C.)
(d'après HANSEN).

S. ellipsoïdeus I de Hansen (fig. 4). — Levûre habitant la surface des grains de raisins mûrs, rapportée par Hansen au type précédent. Développement des ascospores (fig. 5) aux températures comprises entre 7°, 5 et 31°, 5, le plus rapidement à 25°. Grosseur des spores, 2 à 4 μ. — Formation du voile (fig. 6) entre 6° et 34°.

3. *S. Pastorianus* Reess. Cellules végétatives ovales, quand le développement est lent, produisant des chaînes ramifiées d'articles allongés en massues — 18 à 22 μ. de longueur — sur lesquels poussent des bourgeons secondaires. arrondis ou ovales plus petits quand la végétation est rapide. Les spores ont 2 μ. de diamètre. — Ferment alcoolique lent, se rencontre parmi les levûres spontanées du vin, du cidre et aussi dans la bière. (D'après Reess).

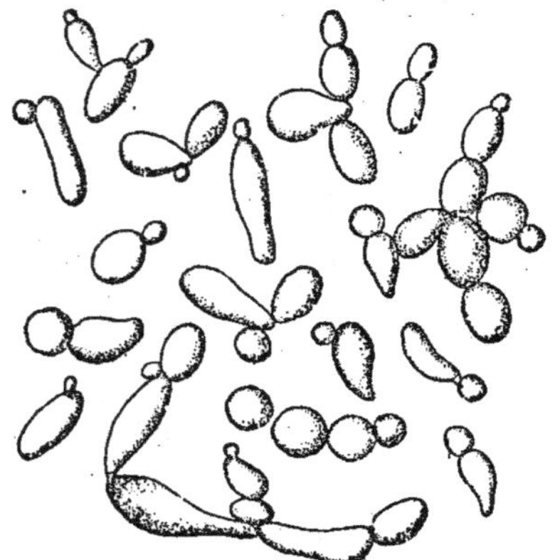

Fig. 7. — S. Pastorianus
(d'après HANSEN).

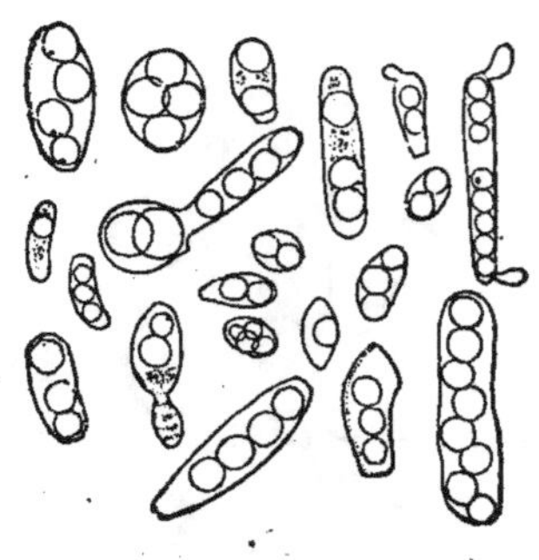

Fig. 8. — S. Pastorianus.
Ascospores (d'après HANSEN).

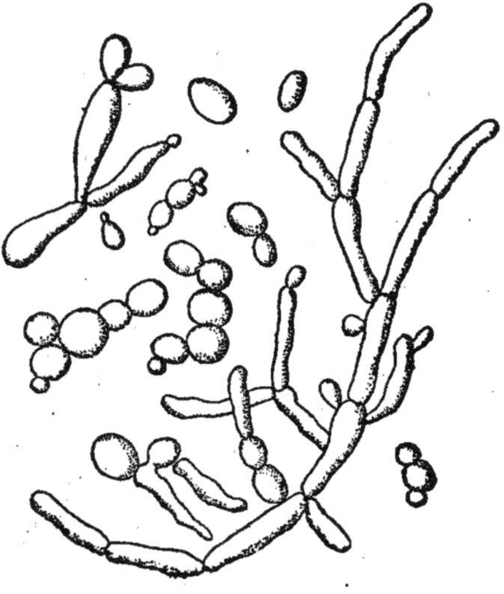

Fig. 9. — S. Pastorianus. Voile (3 à 15°C.),
(d'après HANSEN).

S. Pastorianus I de Hansen (fig. 7). Levûre récoltée par Hansen dans les poussières de l'air et rapportées par lui au type précédent. Produit une fermentation basse.

Développement des ascospores (fig. 8) aux températures comprises entre 3° et 30° 1/2. Grosseur des spores de 1, 5 à 5 μ. Formation du voile (fig. 9) entre 3° et 28°.

4. *S. exiguus* Reess. Cellules végétatives en forme de quille ou de toupie. 5 μ de longueur sur 2,5 μ de diamètre au gros bout. Spores : 2 à 3 en file longitudinale. Serait d'après Reess le ferment actif de la *fermentation consécutive* de la bière.

5. *S. conglomeratus* Reess. Cellules végétatives sphériques de 5 à 6 μ de diamètre qui se développent irrégulièrement et restent agglomérées. Les asques sont fréquemment réunis par deux ou soudés

à une cellule végétative. Spores 2 à 4. Se rencontre sur les raisins pourris et dans le vin au commencement de la fermentation. Caractère ferment douteux.

Reess décrit encore deux autres espèces de Saccharomyces : le *S. mycoderma* (*Mycoderma cerevisiæ* ou *vini* Desm.) qui forme si souvent un voile sur la surface du vin ou de la bière et qu'on nomme *fleurs de vin* ; le *S. apiculatus* Reess (Carpozyma apiculatum Engel), levûre composée de cellules en forme de citrons terminées à leurs deux pôles par un mamelon saillant, qu'on rencontre à la surface des fruits. La première de ces deux espèces donne bien naissance à des spores, mais celles-ci se forment autrement que chez les vrais Saccharomyces (14). Pour la seconde, Engel avait supposé en 1872, d'après certains indices, qu'elle devait former des spores endogènes, mais ni lui, ni aucun des botanistes qui ont étudié cet organisme ne sont parvenus jusqu'à présent à les observer. Nous ne pouvons donc les conserver dans le genre Saccharomyces.

Quant aux autres levûres, d'ailleurs peu importantes, qui ont encore été signalées, elles ont été trop peu étudiées au point de vue morphologique pour que nous nous en occupions ici ;

§ III. — Bactéries (15).

On désigne sous ce nom des organismes inférieurs que les différents auteurs rattachent tantôt aux champignons, tantôt aux algues, comme l'indiquent les noms de *Schizomycètes* et de *Schizophycètes* (μυκης, champignon ; φυκος, algue) qui leur ont été donnés. La vérité est que quelques-uns de ces organismes renfermant de la chlorophylle, tandis que la plupart en sont dépourvus, les premiers se rapprocheraient des algues et les seconds des champignons; mais comme les uns et les autres possèdent des caractères communs, on est obligé de les rassembler dans un même groupe. C'est pour cette raison qu'il paraît plus correct de recourir à une désignation particulière : *les bactéries*.

Ces organismes se présentent sous la forme de cellules en batonnet ou comme des cellules rondes ou cylindriques, rarement en fuseau. Ces cellules sont extrêmement petites. Leur diamètre ou leur largeur atteint à peine 1 μ quelquefois moins. La longueur des bâtonnets dépasse rarement 4 μ.

Beaucoup de bactéries sont mobiles lorsqu'elles sont dans les liquides. Elles se multiplient par bipartitions successives et lorsque les nouvelles cellules ainsi formées restent réunies il en résulte des sortes de filament dont la configuration peut varier. On en rencontre qui ont la forme de tire-bouchon, d'autres qui sont plus ou moins spiralés.

Beaucoup de bactéries se reproduisent encore par *spores*. Il se forme à l'intérieur de la cellule un petit corpuscule (rarement plusieurs) rond ou ovale, très réfringent. Ces petits corps se séparent de la cellule-mère. Ils résistent mieux aux influences extérieures que les cellules végétatives, supportent la dessication et, transportés dans un milieu nutritif, reproduisent en germant la bactérie qui leur a donné naissance.

Nous nous bornerons à ces quelques notions sur les bactéries, nous réservant de revenir sur celles qui nous intéressent, lorsque nous étudierons les fermentations qu'elles déterminent.

CLASSIFICATION DES FERMENTATIONS.

Henninger, se fondant sur la nature de la réaction principale observée, a divisé les fermentations bactériennes ainsi qu'il suit.

1° Fermentations par	dédoublement :	exemple,	*fermentation lactique.*
2° —	hydratation....	—	*fermentation de l'urée.*
3° —	réduction......	—	*fermentation butyrique.*
4° —	oxydation	—	*fermentation acétique.*

La fermentation alcoolique dans laquelle le sucre se dédouble en alcool et en acide carbonique peut être rapprochée des premières. C'est d'ailleurs la plus importante de toutes les fermentations ; aussi est-ce elle que nous décrirons tout d'abord. Nous suivrons ensuite la classification précédente ; mais il ne faut pas perdre de vue que les expressions, par lesquelles Henninger désigne les différentes fermentations, visent exclusivement la réaction principale. Il peut se produire des réactions secondaires d'une tout autre nature.

CHAPITRE II

FERMENTATION ALCOOLIQUE.

§ I. — Conditions alimentaires du développement des levûres.

Nous savons déjà que toute cellule vivant à l'abri de l'air peut transformer le sucre en alcool et acide carbonique et, nous avons vu qu'avec certains champignons (Mucor) cette transformation se fait assez rapidement. Mais, de tous les végétaux, les levûres dont nous avons donné plus haut la description, sont ceux qui agissent le plus activement sous ce rapport, et nous réserverons le nom de *fermentation alcoolique* au dédoublement des sucres en alcool et acide carbonique produit par les levûres, c'est-à-dire au phénomène le plus fréquemment utilisé pour la production industrielle des liquides alcooliques (a).

Les besoins alimentaires des levûres peuvent en quelque sorte se déduire de leur composition. Laissant de côté l'analyse élémentaire de ces végétaux, qui pouvait avoir de l'importance alors qu'on regardait la levûre comme un précipité chimique, mais qui n'en a plus aujourd'hui que l'on sait qu'elle est un être vivant, nous ne nous occuperons ici que de l'analyse immédiate, c'est-à-dire des principes immédiats que l'on peut rencontrer dans la levûre.

D'après Naegeli et Lœw (2), la levûre de bière desséchée (levûre basse) renferme :

(a) La fermentation alcoolique a été l'objet d'un nombre trop considérable de travaux pour que nous songions à en donner une bibliographie complète. Pour les mémoires anciens, ou qui ne présentent qu'un intérêt secondaire dans cet exposé, je renvoie aux traités spéciaux (1).

La cellulose est une cellulose particulière qui d'après Liebig ne se dissout pas dans l'oxyde de cuivre ammoniacal. Soumise à l'action prolongée de l'eau bouillante elle se transforme partiellement et peu à peu en mucilage. Traitée par l'acide sulfurique étendu, elle donne un sucre réducteur et fermentescible (3). Les matières protéiques sont en partie solubles dans l'alcool, en partie insolubles. La matière grasse paraît en grande partie composée d'oléine.

Les matières extractives sont constituées par de la leucine, de la tyrosine, de la guanine, de la xanthine, en un mot par les produits de dédoublement des albuminoïdes, tels qu'ils se forment dans un tissu animal ou dans une graine en germination. Il faut encore ajouter à ces produits une petite quantité de glucose et d'acide succinique, de l'invertine, *peut-être* du glycogène (4), de la cholestérine (5) de la nucléine et de la lécithine (6). Les cendres se composent principalement de phosphate de potasse avec de la magnésie et un peu de chaux. 100 parties de cendres pures renferment d'après Belohoubek : 51,1 d'acide phosphorique, 38,68 de potasse, 4,16 de magnésie, 1,99 de chaux. Le reste est composé par de l'acide sulfurique, de l'acide silicique et de la soude.

Nous devons évidemment retrouver dans les aliments nécessaires au développement de la levûre les éléments qui entrent dans sa composition. Nous aurons donc à étudier successivement l'alimentation minérale, l'alimentation azotée et l'alimentation hydrocarbonée des levûres.

Alimentation minérale des levûres. C'est Pasteur qui le premier a démontré que la levûre ne pouvait se développer en l'absence d'aliments minéraux (7). En effet, tandis que la fermentation du sucre se fait régulièrement lorsqu'on ensemence une trace de levûre dans un liquide renfermant en solution du sucre, du tartrate d'ammoniaque et les produits solubles des cendres de levûres, elle devient impossible lorsqu'on supprime les cendres. La levûre ne se développe pas non plus, ou elle se développe mal lorsqu'on modifie la nature des principes minéraux des cendres de levûre ; lorsque, par exemple, on enlève les phosphates alcalins, ou lorsqu'on remplace les cendres simplement par du phosphate de magnésie.

Pasteur s'était borné à établir ces notions sans chercher à les approfondir. En 1869, Ad. Mayer a repris la question. Ce chimiste a cherché à déterminer la valeur alimentaire relative des différents principes entrant dans la composition des cendres de levûre (8). Sa méthode consistait à introduire des poids connus de différentes substances minérales dans une solution sucrée additionnée d'azotate d'ammoniaque et à l'ensemencer d'une trace de levûre. En fait, dans chacun de ses essais, le seul facteur variable était la ou les substances minérales. Il était donc facile, en suivant régulièrement le dégagement d'acide carbonique et en dosant l'alcool lorsque la fermentation paraissait terminée, de se rendre compte de l'importance alimentaire de chacune de ces substances.

Il ressort des expériences de Mayer que, de tous les sels qui peuvent servir à la nutrition minérale de la levûre, le phosphate de potasse est celui dont l'effet est le plus marqué. Cela ne doit pas nous surprendre. Puisqu'il constitue à lui seul plus de la moitié des cendres de levûre, la levûre doit en avoir un besoin plus grand que de tout autre sel. Il ne peut d'ailleurs être remplacé par le phosphate d'ammoniaque.

Les sels de magnésie sont également nécessaires, et après viennent les sels de chaux.

Le mélange salin qui a donné les meilleurs résultats (8 p. 42) se composait de :

Phosphate de potasse........	0.5	Pour 100 c. c. de solution sucrée
Sulfate de magnésie........	0.25	renfermant 15 gr. de sucre candi
Phosphate de chaux.........	0.05	et 0 gr. 75 d'azotate d'ammoniaque.

Il se trouve précisément que parmi les mélanges employés par Mayer, celui-ci est un de ceux dont la composition se rapproche le plus de celle des cendres de levûre.

Alimentation azotée des levûres. Les levûres peuvent tirer l'azote qui sert à former les matières protéiques ou azotées qu'elles renferment de trois sources différentes : les sels ammoniacaux, les nitrates et les matières albuminoïdes.

C'est encore à Pasteur qu'on doit les premières recherches sur ce sujet (7), recherches qu'il a entreprises après avoir reconnu que l'ammoniaque contenue dans les jus sucrés disparaissait pendant leur fermentation, sans qu'il y eut un dégagement sensible d'azote. Il en avait conclu que très probablement l'azote de cette ammoniaque était assimilé par la levûre et employé par elle à la formation de ses matières albuminoïdes.

Afin d'examiner de plus près la question, il imagina de cultiver la levûre dans un milieu artificiel composé d'eau, de sucre, de cendres de levûre et d'un sel ammoniacal, le tartrate d'ammoniaque. Il vit encore dans ce cas l'ammoniaque disparaître, et, comme au lieu de la quantité infinitésimale de levûre qui avait été ajoutée pour l'ensemencement, il y en avait une proportion relativement grande à la fin de l'opération, on pouvait admettre que l'azote disparu avait servi à la formation des matières albuminoïdes de cette levûre.

D'ailleurs, cette conclusion a été formellement établie dans la suite par une expérience de Duclaux, dans laquelle ce chimiste a effectué la fermentation de 40 gr. de sucre en présence de 1 gr. de tartrate d'ammoniaque par 15 gr. de levûre en pâte. Avant la fermentation les quantités d'azote étaient :

Dans la levûre........,...... 0 gr. 215 ⎫
Dans le tartrate......... 0 gr. 152 ⎬ En tout 0 gr. 367.

Après la fermentation Duclaux a retrouvé :

Dans la levûre.........,...... 0 gr. 148 ⎫
Dans la matière alb. du ⎪
   liquide environnant... 0 gr. 170 ⎬ En tout 0 gr. 363
A l'état de sel ammoniacal. 0 gr. 045 ⎭

Les quantités totales d'azote n'ayant pas sensiblement changé, il faut bien admettre que celui que renfermait le sel ammoniacal décomposé a été employé à la formation des matières albuminoïdes (9).

Ajoutons que d'après les travaux d'A. Mayer, on peut remplacer le tartrate d'ammoniaque par d'autres sels ammoniacaux et en particulier par le nitrate.

La levûre s'accommode également de quelques substances organiques azotées telles que l'allantoïne et la pepsine (sans doute en raison des principes en partie digérés qui accompagnent ce ferment);

mais l'albumine, la caséine, la créatine, la créatinine, la caféine n'ont aucune propriété nutritive pour ce végétal (8).

Alimentation hydrocarbonée. On a pu remarquer, dans ce qui précède, de très grandes analogies entre les levûres et les végétaux supérieurs au point de vue de leur alimentation par les éléments minéraux et les sels ammoniacaux. On sait en effet quelle est l'importance des phosphates, des sels de potasse et des sels ammoniacaux dans l'agriculture. Il paraît exister au contraire une différence complète dans l'assimilation du carbone : la levûre l'emprunte uniquement à des substances organiques ternaires, à des hydrates de carbone, alors que les végétaux supérieurs le tirent de l'acide carbonique de l'air.

Cette différence n'est qu'apparente. Les végétaux supérieurs possèdent une fonction, *la fonction chlorophyllienne* qui fait défaut aux champignons. Les cellules à chlorophylle possèdent la propriété de former à la lumière des hydrates de carbone à l'aide de l'eau du suc cellulaire et du carbone emprunté à l'acide carbonique de l'air qu'elles décomposent. Mais ces hydrates de carbone entrent en circulation dans les sucs végétaux et sont portés aux cellules dépourvues de chlorophylle qui les assimilent. Comme on le voit la phase assimilatrice est identique dans les deux cas. Seulement les levûres ont besoin de rencontrer les hydrates de carbone tout préparés.

Les aliments hydrocarbonés de la levûre sont les sucres, et, à vrai dire, la décomposition nutritive des sucres par la levûre constitue à elle seule l'histoire presqu'entière de la fermentation alcoolique. Les sucres représentent la substance fermentescible : ce sont des aliments d'une nature particulière, dont la consommation est hors de proportion avec l'accroissement du végétal qui n'en utilise qu'une minime partie pour la formation de ses tissus. C'est pour cela que nous allons les étudier à part, ainsi que les produits de leur décomposition.

§ II. — Corps fermentescibles. Produits et processus de la fermentation alcoolique.

Les matières sucrées se divisent en deux groupes : les *glucoses* et les *saccharoses.* Les glucoses dont le type est le *glucose* proprement dit ou *dextrose* ont pour formule : $C^{12} H^{12} O^{12}$. Les saccharoses, dont le représentant le plus connu est le sucre de canne, ont pour formule $C^{24} H^{22} O^{22}$; ils résultent de l'union de deux molécules de glucose avec élimination d'une molécule d'eau.

Les sucres appartenant à chacun de ces deux groupes ne sont pas tous fermentescibles en présence de la levûre de bière. Les glucoses fermentescibles sont : le *dextrose*, le *lévulose* et le *galactose*. Les saccharoses fermentescibles sont : le *saccharose* proprement dit et le *maltose*.

Les autres membres de la famille des sucres se sont montrés jusqu'ici réfractaires à l'action décomposante des levûres. Nous disons jusqu'ici, parce que la fermentescibilité peut être parfois une question de conditions alimentaires du ferment, parfois aussi une question d'espèce de levûre.

C'est ainsi que jusque dans ces derniers temps, la plupart des physiologistes regardaient le galactose comme ne fermentant pas en présence de la levûre de bière (10).

J'ai constaté qu'avec la levûre basse pressée, on détermine toujours la fermentation du galactose lorsqu'on ajoute aux liqueurs une faible proportion de l'un des sucres fermentescibles suivants : dextrose, lévulose, ou maltose. Il semble que ces derniers sucres, facilement décomposables, fournissent par leur destruction, l'énergie nécessaire à la levûre pour attaquer le galactose, sucre difficilement fermentescible (11).

Au reste, Tollens et Stone ont établi depuis, qu'on arrive au même résultat en opérant dans un liquide riche en matières nutritives (12).

Relativement à la question d'espèce, Duclaux a rencontré récemment une nouvelle levûre qui possède la propriété de faire fermenter le sucre de lait, sucre qui résiste à toutes les autres levûres (13).

Il faut donc considérer la proposition que nous émettions tout à l'heure sur la non-fermentescibilité de certains sucres, comme une proposition provisoire, que des découvertes ultérieures pourront modifier.

D'après ce qui précède, on peut déjà supposer que les différents sucres fermentescibles ne le sont pas au même degré. Dubrunfaut, qui le premier a attiré l'attention sur ce point (14), avait conclu de ses observations sur la fermentation du sucre interverti (glucose et lévulose mélangés) que l'action de la levûre dans cette fermentation se porte d'abord sur un sucre neutre qu'il supposait exister dans la liqueur (correspondant à 2 éq. de glucose pour 1 éq. de lévulose), pour attaquer en dernier lieu le lévulose restant. La levûre lui semblait posséder la propriété de choisir parmi les deux sucres fermentescibles, et Dubrunfaut faisait nettement ressortir sa manière de voir en créant pour désigner le phénomène, l'expression de *fermentation élective*.

Cette expression doit être rejetée aujourd'hui ; elle ne répond pas à la réalité des faits. Quelques soient les sucres fermentescibles présents dans une solution : dextrose, lévulose, maltose et même galactose, la levûre ne les détruit jamais successivement mais simultanément (15). Toutefois, les proportions relatives de chacun des sucres ne se conservent pas pendant la fermentation, parce que chaque sucre possède un coefficient propre de résistance à l'action fermentaire de la levûre. Ce coefficient peut d'ailleurs varier lui-même avec les conditions de l'expérience.

Les glucoses éprouvent directement la fermentation alcoolique. Il n'en est pas de même du sucre de canne qui ne fermente en présence des levûres que si ces levûres secrètent de l'invertine, ferment soluble qui, nous le savons, transforme le sucre de canne en sucre interverti. Certaines levûres qui ne secrètent pas d'invertine sont incapables de le faire fermenter (Levûre de Roux (16), levûre apiculée, d'après Hansen (17).).

On avait supposé que le maltose, sucre appartenant au même groupe que le sucre de canne et qui constitue la majeure partie, sinon la presque totalité du sucre du moût de bière, devait aussi être dédoublé avant de fermenter. Mais des recherches directes ont montré qu'il n'en est pas ainsi. La fermentation du maltose paraît avoir lieu directement, ou s'il y a dédoublement préalable, celui-ci suffit seulement à la consommation par la levûre, car à aucun moment d'une fermentation de maltose on ne trouve de glucose dans la liqueur (18).

Les deux produits les plus importants de la fermentation alcoolique sont l'alcool et l'acide carbonique, et, si on ne tient pas compte des produits secondaires sur lesquels nous allons revenir, la réaction peut être formulée, pour les glucoses, ainsi qu'il suit :

$$C^{12} H^{12} O^{12} = 2 \, C^{2} O^{4} + 2 \, C^{4} H^{6} O^{2}$$

Pour les saccharoses, on aurait en tenant compte de l'hydratation préalable.

$$C^{24}\ H^{22}\ O^{22} + H^{2}\ O^{2} = 4\ C^{2}\ O^{4} + 4\ C^{4}\ H^{6}\ O^{2}$$

Ces deux formules établies à la suite des travaux de Dumas et Boulay (1828) étaient considérées comme représentant exactement les phénomènes de la fermentation alcoolique. Mais en 1847, Schmidt de Dorpat (19) signalait la présence de l'*acide succinique* dans les liquides fermentés.

Plus tard Pasteur (1860) y découvrait, outre l'acide succinique, une certaine proportion de glycérine (7) et démontrait la formation constante de ces deux composés dans toute fermentation par la levûre.

En 1863 Béchamp y rencontrait de petites quantités d'acide acétique (20) et le fait était confirmé en 1865 par Duclaux (9).

On sait en outre que les alcools industriels renferment des alcools homologues de l'acool ordinaire (alcool propylique, isobutylique, amylique). Enfin, Henninger en opérant sur de grandes quantités d'un vin de Bordeaux, en a extrait un glycol, l'isopropylglycol (21).

Mais ce n'est pas tout. Les proportions de ces différents corps varient avec les conditions de la fermentation. C'est ainsi qu'il se fait plus d'acide succinique quand la fermentation est lente que quand elle est rapide (22). Elles varient encore avec l'espèce et même avec la variété de levûre employée, comme l'a observé Amthor en étudiant les fermentations d'un même moût de raisin déterminées par deux variétés de levûre apiculée (23).

Elles varient enfin avec les sucres qui fermentent.

Il serait donc superflu de s'attacher à vouloir actuellement mettre en formule une réaction aussi complexe. Autant vaudrait chercher à représenter par une équation les transformations que peut subir un aliment par le fait de la nutrition.

En réalité, l'équation approchée qui représente la formation de l'alcool et de l'acide carbonique est la seule qui importe dans la pratique, et pour tous les autres produits, il suffit de savoir qu'ils représentent environ 4 à 5 0/0 du produit total.

§ III. — Influence des agents physiques et chimiques sur la fermentation alcoolique.

L'influence des agents physiques ou chimiques sur le développement et l'action des levûres doit évidemment présenter des différences suivant l'espèce de levûre considérée. On n'a guère fait de recherches à ce sujet que sur les levûres industrielles, haute et basse, souvent sans même attacher d'importance à leur distinction. Dans ce qui suit, l'expression « la levûre » ne peut donc avoir de signification autrement précise.

Agents physiques. La levûre peut supporter des froids excessifs, allant jusqu'à 100° au-dessous de 0, sans perdre sa vitalité. Quand elle a été desséchée avec précaution, elle supporte plusieurs heures la température de 100° sans périr ; mais, lorsqu'elle est humide ou en suspension dans l'eau, elle meurt vers 70° dans un liquide neutre et vers 55° dans un liquide acide comme le vin.

L'action des levûres, même de la levûre basse, est à peu près nulle au voisinage de 0. Elle ne commence guère que vers 2° ou 3°. Elle cesse plusieurs degrés au-dessous de la température à laquelle elle meurt, mais les divers auteurs ont donné sur ce point des chiffres différents. A. Mayer donne 53°, tandis que Blankenhorn et Moritz affirment qu'à 45° et même à 40° la levûre ne provoque de fermentation que si elle a été amenée peu à peu à ces températures (24). On s'explique ces différences par ce fait que les chimistes qui ont étudié l'influence de la température sur les levûres n'ont pas expérimenté dans les mêmes conditions de levûre et de milieu. Non seulement la réaction du milieu, mais aussi la nature des sucres peuvent avoir de l'importance. En effet, dans mes recherches sur la fermentation alcoolique d'un mélange de sucres, j'ai constaté qu'à 40-41° la fermentation du maltose s'arrête, tandis que celles du lévulose et du glucose se font encore activement (15). Quant à la température la plus favorable à l'activité de la levûre, elle paraît être de 25 à 30°.

Relativement à l'action de la *lumière* et de l'*électricité*, Régnard a apporté récemment quelques données plus précises que celles qui ressortaient des expériences antérieures, instituées toutes dans des conditions défectueuses (25). La fermentation alcoolique est plus rapide à la lumière qu'à l'obscurité. Comme Dumas l'avait déjà observé, les étincelles d'induction n'agissent pas sensiblement sur la levûre lorsqu'on les fait passer dans le liquide en fermentation. Mais si on fait traverser de la levûre humide par de grandes étincelles (50 centim.) on la tue rapidement. On la tue également avec un courant de 10 éléments Bunsen.

Agents chimiques. Dumas (26) a placé de la levûre de bière en bouillie épaisse dans des flacons pleins d'*oxygène*, d'*hydrogène*, d'*azote*, d'*oxyde de carbone*, de *protoxyde d'azote*, d'*hydrogène pro-tocarboné*. Au bout de trois jours cette levûre mise en présence du sucre, agissait comme la levûre conservée à l'air.

L'influence des *acides* et des *bases* a été examinée par le même chimiste. On sait que la levûre de bière a toujours une réaction acide. Aussi une très petite quantité d'acide ne fait-elle que favoriser la fermentation. Mais lorsqu'on en ajoute une proportion égale à 10 fois l'équivalent de l'acide contenu dans la levûre, la fermentation devient traînante et s'arrête avant d'être terminée. Avec 100 équivalents de l'un des acides sulfurique, azotique, phosphorique, arsénieux, borique, oxalique, acétique, la fermentation ne commence pas. Avec les acides chlorhydrique et tartrique il en faut davantage pour produire le même effet.

De petites quantités de bases n'ont pas d'influence marquée sur le phénomène. Mais lorsqu'on ajoute par exemple 8 à 16 fois autant d'ammoniaque qu'il en aurait fallu pour saturer l'acide de la levûre, la fermentation est retardée et l'acidité reparaît bientôt dans les essais. Avec une quantité d'ammoniaque correspondant à 24 fois l'acide de la levûre, la fermentation ne commence pas.

On observe des faits analogues avec les carbonates alcalins ; mais les proportions de ces sels qui retardent ou arrêtent la fermentation doivent être beaucoup plus élevées.

Dumas a encore étudié l'action d'un grand nombre de sels sur la levûre. Toutefois il l'a fait dans des conditions spéciales qui ne répondent pas à celles de la pratique industrielle. Ainsi, il préparait des solutions saturées des sels à examiner et mettait ces solutions en contact avec de la levûre de bière essorée. Après trois jours, il décantait la solution saline et la remplaçait par une solution sucrée.

L'effet que l'on observe dans ces conditions ne peut évidemment être assimilé à celui qu'on observerait en mettant en présence à la fois le sel, la levûre et le sucre. On a également fait des recherches dans cette dernière direction ; mais les résultats sont loin d'être concordants. C'est qu'ils dépendent de la qualité et de la quantité de levûre employée, du degré de son acidité, de la nature du moût et de la température. Il y a là un ensemble de facteurs dont les différents observateurs n'ont pas toujours tenu compte.

Quelques faits sont cependant bien établis. L'acide cyanhydrique à dose suffisante, (plus de 0 gr. 018 d'acide anhydre pour 5 gr. de levûre. — Liebig) arrête l'action de la levûre. Le chloroforme ajouté à la dose de 1 centième, empêche l'action d'une levûre vieille, mais ralentit seulement l'action d'une levûre jeune. La fermentation est arrêtée par l'oxyde de mercure et le sublimé (0 gr. 5 0/0) (27); elle est retardée par la quinine et par la strychnine qui l'accélèrent d'abord.

L'action de l'acide salicylique varie avec les proportions de levûre.

Ainsi, 0 gr. 02. d'acide salicylique suffisent à paralyser l'action de 0 gr. 5 environ de levûre sèche dans 100 cent. cubes de moût, mais n'ont aucun effet sur des poids de levûre supérieurs (28).

D'après P. Bert et Regnard l'eau oxygénée tue subitement la levûre de bière (29). Enfin le dernier de ces deux observateurs a étudié graphiquement les fermentations déterminées en présence de doses variées d'antiseptiques.

A la dose de 1 p. 2.500 d'eau, le thymol, le phénol, le nitrate d'argent et l'iode empêchent la fermentation. Il en est de même de 1/25000 de sublimé (30).

§ IV. — Applications.

Sucs de fruits acides. La fermentation alcoolique est utilisée pour la préparation des boissons dites *fermentées,* telles que le vin, la bière, le cidre. Nous avons indiqué plus haut les espèces de levûres qui interviennent dans ces préparations. Nous avons également donné, pour autant qu'elles sont connues, les propriétés particulières à chacune de ces levûres. Quant aux détails de fabrication, nous ne pouvons ici que renvoyer aux traités spéciaux. Mais nous devons dire quelques mots d'une fermentation alcoolique spontanée, dont le pharmacien se sert depuis longtemps dans la préparation des sucs acides et par conséquent des sirops correspondants.

Lorsqu'on a abandonné un suc acide, tel que le suc de groseilles, dans un lieu dont la température est au moins de 15°, on voit, au bout de quelques heures, s'établir dans le produit une fermentation alcoolique avec tous ses caractères : production d'alcool et dégagement d'acide carbonique. Il se produit au sein du liquide une sorte de coagulum qui est entraîné à la partie supérieure. Le suc visqueux et trouble à l'origine devient l'impide et clair. On saisit le moment ou la limpidité est parfaite pour séparer par filtration le suc des matières ainsi précipitées ou coagulées, après quoi, on le fait servir à la préparation des sirops ou on le conserve par la méthode Appert (31).

Qu'il y ait naturellement dans ces sucs des germes de levûres, cela ne doit pas nous surprendre, puisque nous savons qu'à la surface de tous les fruits mûrs on rencontre le *Saccharomyces ellipsoïdeus* et le *S. apiculatus.* Ces sucs sont d'ailleurs des milieux éminemment propres à leur développement, puisqu'ils sont acides, renferment des matières albuminoïdes et des matières sucrées.

La clarification paraît être le résultat de deux fermentations combinées. Ces sucs renferment en effet de la *pectine* et de la *pectase.* La pectine est une matière soluble dans l'eau. La pectase est un ferment soluble qui transforme la pectine en acide pectique, lequel se prend en gelée. Nous avons donc là une coagulation qui a pour cause un ferment soluble.

D'autre part les composés pectiques et les matières albuminoïdes sont insolubles dans l'alcool. Par conséquent la formation de l'alcool favorise la coagulation. Le coagulum emprisonne les matières en suspension et le liquide devient clair.

Toutefois, il est probable que le rôle de l'alcool est ici peu considérable, car la clarification est déjà complète, alors que la proportion d'alcool formé n'a pas encore atteint 0,5 0/0. Ainsi d'après H. Mayet (32), un suc de groseilles à 111 gr. de sucre interverti par litre est suffisamment clarifié, lorsque la fermentation n'a détruit que 6 gr. de sucre par litre — ce qui représente la formation de 3 gr. environ d'alcool par litre.

§ V. — Théorie de la fermentation alcoolique et des fermentations en général.

Tout ce que nous savons jusqu'ici c'est que la fermentation alcoolique doit être envisagée comme un travail physiologique des organismes qui la produisent. Mais quelle est la nature de ce travail ?

« La fermentation, dit Pasteur, est la conséquence de la vie sans air ». Voyons par quelle suite de déductions ce savant est arrivé à cette conception.

Lorsqu'on cultive la levûre en grande surface, dans des cuvettes plates par exemple, le liquide étant ainsi largement exposé au contact de l'air, on remarque que la fermentation du sucre est faible ; l'acide carbonique qui se dégage est formé en grande partie par les combustions qui résultent de l'assimilation de l'oxygène de l'air. Certaines espèces de levûres, comme la levûre que Duclaux a décrite sous le nom de *mycolevûre*, placées dans ces conditions ne donnent même pas d'alcool. La levûre vit alors à la manière des végétaux supérieurs. La seule différence apparente est qu'avec elle la matière organique, le sucre, est puisé à l'extérieur dans le liquide qui la baigne, tandis que dans les végétaux, la matière organique vient des sucs cellulaires. Le rapport des poids de levûre formée et de sucre disparu est assez élevé et rappelle celui que l'on observe dans l'accroissement des végétaux ordinaires. Dans une de ses expériences sur ce sujet, Pasteur a trouvé ce rapport égal à 1/4.

Si on diminue l'accès de l'air, si on cultive la levûre dans un ballon ordinaire à moitié rempli de liquide, la proportion d'alcool produit devient plus forte, tandis que le rapport des poids de levûre formée et de sucre décomposé diminue. Il était de 1/76 dans l'une des expériences de Pasteur.

Qu'on aille maintenant jusqu'à la suppression totale de l'air ; qu'on ensemence avec de la levûre un liquide sucré purgé d'air par ébullition et remplissant entièrement le ballon, on aura alors la quantité maximum d'alcool que cette levûre peut fournir ; aucune portion de l'acide carbonique produit ne proviendra d'une combustion directe avec l'oxygène de l'air et le rapport des poids de levûre formée et de sucre décomposé aura atteint son minimum : 1/89 dans les recherches de Pasteur.

Ces faits nous démontrent que « la puissance fermentaire de la levûre varie considérablement entre deux limites fixées par la plus grande et la plus petite participation possible du gaz oxygène libre aux actes de nutrition de la plante. Fournit-on à celle-ci une quantité d'oxygène libre aussi grande que l'exigent sa vie, sa nutrition, les combustions respiratoires ; en d'autres termes, la fait-on vivre à la manière de toutes les moisissures proprement dites, elle cesse d'être ferment... « Au contraire, vient-on à supprimer pour la levûre toute influence de l'air, la fait-on se développer dans un milieu sucré privé de gaz oxygène libre, elle s'y multiplie encore comme si l'air était présent, quoique moins activement et c'est alors que son caractère ferment est le plus exalté... Enfin, si le gaz oxygène libre intervient, en quantités variables, on peut faire passer la puissance fermentaire de la levûre par tous les degrés compris entre les deux limites extrêmes que nous venons d'indiquer. On ne saurait mieux établir, que la fermentation est dans un rapport direct avec la vie, quand elle s'accomplit sans gaz oxygène libre ou avec des quantités de ce gaz insuffisantes pour tous les actes de la nutrition et de l'assimilation » (33).

Cette manière de voir se trouve corroborée, en quelque sorte, par ce fait, sur lequel nous avons déjà insisté, que des moisissures vulgaires prennent le caractère ferment quand on les fait vivre sans air, par exemple en les submergeant ; que les tissus végétaux maintenus dans une atmosphère privée d'oxygène fournissent de l'alcool et de l'acide carbonique. En un mot les levûres, et nous pouvons ajouter les ferments organisés proprement dits, n'ont qu'à un degré plus élevé, un caractère propre à toutes les cellules vivantes, à savoir, d'être à la fois *aérobies* ou *anaérobies* suivant les conditions où on les place.

La levûre et les ferments organisés proprement dits s'accommodent plus que tous les autres végétaux de la vie sans air ; mais cela ne veut pas dire que l'oxygène ne soit pas utile à leur développement.

Et d'abord, la levûre respire comme les autres végétaux. Si on la met en suspension dans l'eau, elle en absorbe complètement l'oxygène qu'elle remplace par de l'acide carbonique (34). Son activité respiratoire est mesurable. Elle est faible au voisinage de 10°, s'élève jusque vers 40° pour atteindre une valeur maxima, puis diminue et tombe à 0 à la température de 60°, par suite de la mort de la levûre.

Si nous envisageons seulement la prolifération de la levûre, nous trouvons que lorsqu'on fait passer un courant d'air continu dans un liquide sucré ensemencé de levûre, cette prolifération est beaucoup plus rapide que dans un liquide au repos (35).

Partant de là, on peut prévoir que lorsqu'on déposera, comme on le fait d'ordinaire pour mettre en train une fermentation alcoolique, de la levûre dans un liquide sucré, il y aura à l'origine, aux dépens de l'air resté dans le flacon ou dissous dans le liquide, une prolifération active qui ira en se ralentissant peu à peu. C'est ce qui ressort des recherches effectuées par Pedersen (36). A ce moment le pouvoir ferment est faible ; mais au fur et à mesure que l'oxygène disparaît du liquide, la prolifération diminue et la véritable fermentation commence à l'aide des cellules de la semence et de celles qui se sont formées depuis le commencement de la fermentation.

Tous ces faits nous conduisent à admettre qu'une levûre plongée dans un liquide désaéré ne peut continuer à vivre que si elle a eu le contact de l'air.

C'est d'ailleurs ce qui ressort de l'expérience suivante due à Pasteur. Si on ensemence un liquide privé d'air, d'une levûre déjà vieillie, la fermentation peut devenir interminable et finit même par s'arrêter. Fait-on alors parvenir, par un moyen quelconque, une petite bulle d'air dans le liquide, la fermentation recommence pour cesser quelques jours après et reprendre à la suite de la même opération.

On conçoit, par conséquent, qu'une aération convenable des moûts en fermentation, qui détermine comme nous le disions une multiplication plus abondante de cellules, rend indirectement cette fermentation plus active (37).

La levûre a donc de grands besoins d'oxygène. « Faut-il admettre, se demande Pasteur, que la levûre si avide d'oxygène qu'elle l'enlève à l'air avec une grande activité, n'en a plus besoin quand on l'en prive, alors que dans le liquide fermentescible, il y a une matière, le sucre, qui peut le lui présenter à profusion, non à l'état libre, il est vrai, mais à l'état combiné ». Et Pasteur n'hésite pas à répondre : qu'elle en prend à la matière fermentescible quand on lui refuse ce gaz à l'état de liberté, et qu'elle n'est un agent de la décomposition du sucre qu'en vertu de son avidité pour l'oxygène.

Il nous reste un dernier point à développer. Comment expliquer l'énergie destructive si considérable que possèdent les ferments organisés ?

« Une cellule vivante, dit Duclaux, n'est vivante qu'à la condition d'exercer autour d'elle un travail positif, pour lequel elle a besoin de trouver de la chaleur quelque part. » C'est à cela, en grande partie, que lui sert le phénomène de la respiration dont elle est le siège. La combustion de la matière alimentaire à l'aide de l'oxygène de l'air fournit précisément cette chaleur et, conséquemment, l'oxygène est pour la cellule la source de l'activité vitale, de l'énergie qu'elle est, à chaque instant, obligée de dépenser.

Quand la levûre est exposée au libre contact de l'air, la source de cette énergie, nous la rencontrons dans la combustion respiratoire de la matière sucrée. Mais quand la levûre est submergée, cette source d'énergie fait défaut, et cependant, si, comme nous sommes obligés de l'admettre, les besoins de la cellule sont restés les mêmes, il faut bien quelque chose pour remplacer l'oxygène. Nous ne trouvons pour cela que le phénomène nouveau qui apparaît dans ces conditions : le dédoublement du sucre en alcool et acide carbonique. Ce dédoublement se fait en effet avec dégagement de chaleur. Théoriquement on peut le démontrer : le sucre est un corps endothermique qui d'après Berthelot peut donner en brûlant 713.000 calories. Des deux corps qu'il fournit en fermentant, l'un, l'acide carbonique, est complètement brûlé, l'autre donnerait en brûlant 642.000 calories. La différence 71.000 calories représentent la chaleur mise en liberté dans le dédoublement. Pratiquement tout le monde sait que dans les liquides en fermentation on observe toujours une élévation de température.

C'est cette chaleur dégagée qui est la source de l'énergie nécessaire à la levûre. Mais cette chaleur est bien moins abondante que celle que fournit la combustion complète du sucre, elle n'en représente que le 1/10 environ. Il en résulte que la levûre est obligée de détruire 10 fois plus de sucre pour produire le même effet. C'est là la source de ce qu'on a appelé le caractère ferment, c'est-à-dire de la disproportion entre le poids de matière morte transformée et le poids de matière vivante entrée en action.

Telle est dans ses grands traits la théorie de la fermentation due à Pasteur. Elle s'applique à toutes les fermentations déterminées par les ferments anaérobies, qui ont été appelés les ferments proprement dits. Quant aux autres fermentations, à celles par exemple que nous avons classées parmi les fermentations par oxydation (fermentation acétique et nitrique), elles ne peuvent évidemment être expliquées de la même façon. Les organismes qui les déterminent, qui sont aérobies, ne sont pas des *ferments* dans le sens que nous venons de donner à cette expression. Toutefois les ressemblances profondes de ces derniers avec les vrais ferments, l'absence d'autre terme font qu'on leur a conservé cette dénomination.

CHAPITRE III

FERMENTATIONS PAR DÉDOUBLEMENT.

Fermentation lactique.

On entend par fermentation lactique la transformation de certains sucres : sucre de lait, glucose, sucre de canne en un acide liquide et soluble dans l'eau, l'acide lactique.

La fermentation lactique se produit dans une foule de circonstances, notamment lorsqu'on abandonne du lait à lui-même. Au bout de quelque temps, le lait devient acide et se coagule; nous reviendrons plus loin sur les causes de cette coagulation.

L'acide lactique a précisément été découvert dans le lait aigri par Scheele en 1780. Il fut reconnu définitivement comme un acide particulier par Berzelius en 1830 (1). Bientôt après, Braconnot le rencontrait dans le riz abandonné sous l'eau en fermentation, dans le jus de betterave aigri, dans des haricots et des pois bouillis à l'eau fermentés, dans l'eau sûre du levain des boulangers (2). On le retrouve encore dans l'eau sûre des amidonniers et dans la choucroute.

Frémy et Boutron, Pelouze et Gélis ont fixé les conditions matérielles les plus favorables à la fermentation lactique. D'après leurs recherches, cette fermentation exige pour se produire la présence de matières albuminoïdes en voie de décomposition, et elle ne peut se continuer que si l'on empêche le degré d'acidité de la liqueur de dépasser certaines limites. Les premiers saturaient de temps en temps le liquide avec du bicarbonate de soude (3); les seconds ajoutaient immédiatement du carbonate de chaux qui saturait l'acide au fur et à mesure de sa formation (4).

Si l'on veut préparer de l'acide lactique à l'aide du lait, on l'abandonne quelque temps à lui-même et lorsqu'il devient acide on l'additionne de carbonate de chaux. On arrive ainsi à obtenir la transformation de la totalité du sucre de lait en acide lactique, lequel passe à l'état de lactate de chaux. Au lieu de lait on peut se servir d'une solution sucrée additionnée d'une matière albuminoïde quelconque : gluten, fibrine, albumine, membranes animales, vieux fromage, etc.

Tous ces faits étaient connus lorsque Pasteur, en 1858, découvrît l'organisme producteur de la fermentation lactique (5).

Avant les travaux de Pasteur, la plupart des chimistes s'étaient rangés à l'opinion de Liebig sur les causes de cette fermentation. Il était difficile en effet de rencontrer des faits plus favorables à la théorie du chimiste allemand. On se trouvait en présence d'une fermentation produite par les matières albuminoïdes les plus variées ; ces matières paraissaient en voie de décomposition ; et les recherches les plus minutieuses n'avaient pu jusqu'alors y faire découvrir le développement d'êtres organisés (a). On pouvait donc supposer, comme le soutenait Liebig, que le mouvement moléculaire, suite de cette altération spontanée, était capable de se transmettre aux principes sucrés contenus dans la liqueur.

Mais en découvrant un microorganisme dans les liquides en fermentation lactique, en montrant qu'il ne se fait pas de fermentation lactique sans que cet organisme intervienne, Pasteur a enlevé à la théorie de Liebig son meilleur argument. Il a établi définitivement que, de même que la fermentation alcoolique est le résultat des manifestations vitales d'un être vivant, la levûre ; de même la fermentation lactique est déterminée par un organisme, le ferment lactique qui transforme le sucre en acide lactique par l'effet de sa nutrition et de son développement. Si toute matière plastique azotée peut amener la fermentation lactique, c'est qu'elle est pour le développement du ferment un aliment convenable. En un mot, la fermentation lactique a pour cause un organisme dont les germes sont répandus sur les substances dont on se sert pour la déterminer.

Description du ferment lactique. Bacterium acidi lactici

(a) Mentionnons cependant avec Schützemberger (*Les fermentations*, p. 163), que le ferment lactique avait été entrevu et même caractérisé en partie par Remak (6).

Zopf. (8). Il convient de faire remarquer immédiatement que l'organisme observé et décrit par Pasteur n'est pas le seul qui possède la propriété de former de l'acide lactique aux dépens des matières sucrées. Tout au plus existe-t-il des différences quant à la quantité de ce corps formée par les différentes espèces. Toutes les bactéries du pus, le Micrococcus prodigiosus, et quelques-unes des bactéries qu'on a isolées dans la salive sont dans le même cas. Toutefois, il semble que l'organisme de Pasteur mérite spécialement la dénomination de bactérie de la fermentation lactique, parce qu'il constitue l'agent le plus fréquent de la fermentation lactique spontanée du lait. Nous ne nous occuperons que de ce dernier.

« Si l'on examine avec attention une fermentation lactique ordinaire — produite dans un mélange de sucre et de craie — il y a des cas où l'on peut reconnaître au-dessus du dépôt de la craie et de la matière azotée des taches d'une substance grise formant quelquefois zone à la surface du dépôt. Cette matière se trouve d'autres fois collée aux parois supérieures du vase, où elle a été emportée par le mouvement gazeux. Son poids apparent est toujours très faible, comparé à celui de la matière azotée primitivement nécessaire à l'accomplissement du phénomène. Enfin, très souvent elle est tellement mélangée à la masse de caséum et de craie qu'il n'y aurait pas lieu de croire à son existence. C'est elle néanmoins qui joue le principal rôle ». (Pasteur).

Prenons en effet un peu de la matière grise indiquée plus haut et semons-là dans de l'eau de levûre additionnée de 50 gr. de sucre par litre et de craie pulvérisée. Portons ensuite à l'étuve à 30-35°. Dès le lendemain, une fermentation vive et régulière se manifeste. L'acide lactique qui se forme décompose le carbonate de chaux et met en liberté l'acide carbonique qui se dégage. Si le carbonate de chaux ajouté n'est pas en proportion supérieure à celle qui peut être décomposée par l'acide formé, il disparaîtra en totalité et, comme le lactate de chaux est assez soluble dans la liqueur, il ne restera au fond du vase qu'une matière analogue à celle qu'on a semée, accrue et développée seulement, comme l'aurait fait de la levûre de bière dans une fermentation alcoolique.

Prise en masse, cette matière ressemble tout à fait à de la levûre ordinaire égouttée et pressée. Elle est un peu visqueuse, de cou-.

leur grise. L'organisme qui la compose a été dans ces derniers temps l'objet d'observations microscopiques minutieuses. Il a été décrit notamment par Boutroux (9), par Pirotta et Riboni (10), et tout récemment par Hueppe (11).

D'après ce dernier, il constitue de courtes cellules épaisses, au moins deux fois aussi longues que larges. La longueur moyenne de ces éléments est de 1 à 1, 7 μ. la grosseur 0, 3 à 0, 4 μ. Ces éléments se multiplient par bipartition. Chaque corpuscule s'allonge, et se divise par son milieu. La cloison transversale est très nette et se distingue par l'existence d'un léger étranglement à son niveau. Après chaque bipartition les cellules se séparent ou bien restent réunies en petit nombre. Ces organismes ne sont pas doués de mobilité, et ont, comme on le verra plus loin, beaucoup de ressemblance avec le ferment acétique.

Dans les solutions de lactose, on voit se former des spores. Elles apparaissent, sous forme de globules brillants, aux deux extrémités de la bactérie. Lorsque deux organismes sont réunis, les spores se trouvent souvent aux deux extrémités opposées, mais elles occupent fréquemment aussi les extrémités qui se correspondent. Les bactéries contenant les spores ne sont pas tuées par une courte ébullition.

Substances fermentescibles. Mécanisme et produits de la fermentation lactique. Les liquides dans lesquels se développe le ferment lactique doivent renfermer deux sortes de substances organiques : une substance azotée et une substance sucrée. La première représente plus spécialement une matière alimentaire ; le ferment n'en consomme qu'une petite quantité. La seconde est la matière fermentescible, car le ferment peut en décomposer une quantité hors de proportion avec son propre poids.

Autrefois, on employait comme substance azotée l'une de ces matières albuminoïdes qu'on rencontre dans les tissus végétaux ou animaux ; mais il n'est pas indispensable de recourir à ces substances. Comme nous l'avons vu, Pasteur déterminait le développement du ferment dans de l'eau de levûre, c'est-à-dire dans une décoction de levûre. Le liquide ne renfermait donc que des substances azotées qui ne se coagulent pas par la chaleur et qui se dissolvent dans l'eau. Le ferment se développe encore dans un milieu purement minéral, tout comme le ferment alcoolique.

Il s'en accommode même mieux que ce dernier, car il envahit, souvent sans ensemencement, les liquides sucrés additionnés d'un sel d'ammoniaque et d'éléments minéraux et y supplante la levûre introduite.

Quant aux matières sucrées, on peut dire que tous les sucres capables de subir la fermentation alcoolique peuvent être transformés en acide lactique par la bactérie lactique. Tels sont le glucose, le sucre de canne, le maltose. Mais le ferment lactique fait encore fermenter d'autres matières sucrées qui résistent à l'action de la levûre de bière ordinaire : du sucre de lait, de l'inuline, de la mannite, de l'inosite, de la dulcite et probablement beaucoup d'autres hydrates de carbone qu'on n'a pas encore étudiés à cet égard.

En parlant de la fermentation alcoolique du sucre de canne, nous avons insisté sur ce fait que le sucre de canne ne fermente qu'après avoir été interverti. L'interversion est déterminée, comme nous le savons, par l'invertine que sécrète la levûre. Cette interversion préalable se produit-elle dans la fermentation lactique ordinaire ? C'est ce que j'ai examiné dans les recherches suivantes (12).

On a déterminé une première fermentation lactique, en mélangeant dans des proportions convenables du fromage blanc, de la craie, du sucre (glucose) et de l'eau. On a attendu que cette fermentation fût en pleine activité et on a prélevé une petite portion du liquide pour ensemencer un deuxième liquide de fermentation. Celui-ci était composé d'eau de levûre, 500 cent. cubes, de sucre de canne, 50 gr., de carbonate de chaux, 40 gr. Il avait été préalablement maintenu à l'ébullition pendant un quart d'heure et refroidi à l'abri des germes de l'air avant l'ensemencement. L'opération a été faite à 38°.

L'examen de cette fermentation effectué à des intervalles de 1 ou 2 jours comprenait deux essais : le premier, par lequel on recherchait le sucre réducteur à l'aide de la liqueur cupro-potassique ; le deuxième par lequel on dosait le sucre encore présent dans le liquide après l'avoir interverti à l'aide de l'acide sulfurique étendu (1 0/0). Le tableau suivant résume les résultats observés (2 janvier 1883).

Durée de la fermentation.	Sucre réducteur.	Saccharose restant pour 100 cent. c.	Saccharose disparu pour 100.
0	0	9 gr. 20	0
2 jours	0	8 gr. 33	9 gr. 40
3 »	0	6 gr. 57	28 gr. 50
4 »	0	5 gr. 48	40 gr. 50
6 »	0	3 gr. 15	65 gr. 66
7 »	0	2 gr. 40	73 gr. 90
8 »	Réduction nette	—	—

Il y avait donc eu interversion pendant le 8e jour ; mais cette interversion n'était pas imputable au ferment lactique, car en examinant le liquide au microscope, on y a découvert la présence de levûre de bière. Sans doute que dans le cours des manipulations du huitième jour, quelques globules de levûre avaient été introduits, ce qui ne surprendra personne si j'ajoute qu'à l'époque où je faisais ces expériences je m'occcupais dans le même laboratoire de fermentation alcoolique.

D'ailleurs j'ai immédiatement repris ces essais en prenant de plus grandes précautions ; et j'ai suivi une nouvelle fermentation lactique de sucre de canne jusqu'au treizième jour sans que j'ai pu, à un moment quelconque, y découvrir la présence de sucre réducteur. Le treizième jour, j'ajoutais une trace de levûre et le lendemain je constatais, comme au huitième jour de la fermentation précédente l'interversion totale du sucre restant (a).

Le ferment lactique ordinaire, c'est-à-dire celui qui se rencontre dans le lait coagulé spontanément, détermine donc la fermentation lactique du sucre de canne sans l'intervertir préalablement. C'est là un fait intéressant. On sait en effet que Cl. Bernard, à la suite de ses recherches sur la digestion du sucre de canne, a soutenu, sous forme de loi physiologique, que cette matière sucrée n'est assimilable pour les êtres vivants qu'après avoir été intervertie. Nous aurions ainsi dans le ferment lactique un organisme faisant exception à la loi, à moins que nous n'admettions que le protosplasma de cet organisme intervertit le sucre de canne au fur et à mesure de la consommation.

(a) Il convient de faire remarquer que si dans ces expériences, la fermentation n'est pas active, le carbonate de chaux pourra se tasser au fond du vase. Les couches supérieures du liquide pourront devenir acides et intervertir par conséquent le saccharose, J'avais prévenu cet inconvénient en faisant passer lentement un courant d'air stérilisé dans la liqueur à l'aide d'un tube de verre allant jusqu'au fond du vase. Cet air ne pouvait que favoriser la fermentation, puisque, comme nous le verrons plus loin, le ferment lactique a besoin d'oxygène pour vivre et se multiplier.

Le sucre de lait, comme cela paraît ressortir d'une observation déjà ancienne de Berthelot (13), et le maltose subissent aussi la fermentation lactique sans que cette fermentation soit précédée par la transformation de ces corps en glucose (12).

La molécule de l'acide lactique, représentant exactement la moitié de celle des glucoses, si l'on a affaire à la fermentation lactique d'un de ces derniers sucres, la réaction peut être représentée par l'équation suivante :

$$\underbrace{C^{12}\ H^{12}\ O^{12}}_{\text{Glucose}} = \underbrace{2\ (C^6\ H^6\ O^6)}_{\text{Acide lactique}}$$

Avec les sucres du groupe des saccharoses, l'équation devient :

$$\underbrace{C^{24}\ H^{22}\ O^{22} + H^2\ O^2}_{\text{Saccharose}} = \underbrace{4\ (C^6\ H^6\ O^6)}_{\text{Acide lactique}}$$

Il semble cependant d'après les travaux les plus récents qu'il se forme, outre l'acide lactique, de petites quantités d'acide carbonique, même lorsque la fermentation est déterminée à l'aide du ferment lactique pur (14).

Quant à la réaction qui se produit dans la fermentation lactique des autres hydrates de carbone, les faits observés jusqu'ici sont trop peu précis pour qu'on puisse essayer de la formuler.

On connaît actuellement trois acides répondant à la formule $C^6\ H^6\ O^6$: l'acide lactique proprement dit qui est sans action sur la lumière polarisée, l'acide sarcolactique ou paralactique qui dévie le plan de la lumière polarisée et l'acide éthylénolactique.

L'acide qui se forme dans la fermentation lactique, est l'acide lactique proprement dit ou de fermentation. Cependant Maly (15) a obtenu de l'acide paralactique en faisant fermenter du glucose en présence de la muqueuse gastrique du porc et Hilger (16) aurait trouvé dans la fermentation de l'inosite à l'aide du fromage, de l'acide propionique, de l'acide butyrique et de l'acide éthylénolactique. Mais il n'est pas douteux que dans ces deux derniers cas sont intervenus d'autres microbes que la bactérie lactique.

Circonstances qui favorisent ou entravent la fermentation lactique. Le ferment lactique ne se développe pas aux températures voisines de 0°. On peut conserver pendant longtemps du lait sans qu'il devienne acide en le maintenant à 2° ou 3°. — C'est seulement

de 10° à 15° que la bactérie lactique commence à se multiplier. A 20°
la fermentation lactique s'établit rapidement, et son activité croît
avec la température jusque 35° environ. De 35° à 42° elle reste à peu
près constante et s'arrête vers 46°. La bactérie n'est cependant pas
tuée à cette température ; une courte ébullition ne suffit même pas
pour détruire les spores, et si l'on veut stériliser du lait, il est nécessaire de le maintenir pendant au moins une demie heure à 110°
(Hueppe).

Le ferment lactique est un aérobie. Il épuise d'oxygène les
liquides dans lesquels il vit, et cesse d'agir si on ne lui en fournit
pas de nouveau. On peut s'en convaincre en recouvrant d'une couche d'huile des liquides sucrés ensemencés avec le ferment : la
fermentation n'a pas lieu ou s'arrête bientôt. M. Duclaux s'est
assuré que la bactérie lactique ne se développe pas dans l'acide
carbonique (17).

Le milieu qui convient le mieux pour le développement du ferment lactique est un milieu neutre. Si le milieu est trop alcalin, la
fermentation ne s'établit pas ; elle cesse dans les milieux minéraux,
lorsque la proportion d'acide lactique produit atteint 0 gr. 8 p. 0/0.
— Avec le lait, la proportion d'acide lactique qui arrête la fermentation est un peu plus élevée. Richet (18) a fait à cet égard une
observation très intéressante. Il a remarqué qu'en ajoutant au lait
du suc gastrique ou du suc pancréatique qui digèrent la caséine,
on accélère la fermentation lactique et celle-ci peut se poursuivre
jusqu'au moment ou la proportion d'acide atteint 4 et même 5 p. 0/0.
D'après Richet, cette observation réduirait à néant l'hypothèse d'a-
près laquelle la fermentation lactique spontanée du lait s'arrête-
rait d'elle-même, parce que le ferment lactique ne peut se développer dans un milieu renfermant une certaine proportion d'acide.
L'arrêt proviendrait de ce que la caséine étant coagulée à cette dose
d'acide, le ferment ne trouve plus d'aliments. En transformant la
caséine en peptones au moyen de sucs digestifs, on fournit au
ferment les aliments qui lui auraient manqué, et celui-ci peut
continuer à se développer.

Nous avons déjà eu l'occasion de remarquer que les matières
protéiques, et en particulier les peptones, jouissent de la propriété
de se combiner aux acides (combinaisons acides au tournesol) et
de diminuer par là l'action nuisible que ces derniers peuvent exercer en tant qu'acides sur certains phénomènes physiologiques. Il

semble qu'on doive chercher l'explication des faits observés par Richet dans cet ordre d'idées plutôt que dans une question d'alimentation. Lorsqu'on cultive le ferment lactique dans un milieu minéral, et que la fermentation s'est arrêtée, elle part à nouveau si on ajoute au liquide un carbonate qui sature l'acide ; dans ce cas l'arrêt n'a pu provenir d'absence d'aliments protéiques, puisque la fermentation reprend sans qu'on en ait ajouté de nouveaux.

Quoiqu'il en soit, nous pouvons tirer de l'ensemble des faits que nous venons d'exposer, plusieurs indications précises quant à la préparation de l'acide lactique.

On obtiendra une fermentation lactique régulière et active en opérant ainsi qu'il suit. On ajoute à un litre d'eau 100 gr. de matière sucrée, 10 gr. de caséine ou de vieux fromage et un excès de carbonate de chaux pulvérisé. La caséine fournit les germes du ferment et les aliments protéiques qui lui sont nécessaires. Le mélange est abandonné dans un vase ouvert à la température de 35° à 40°. On remue de temps en temps pour assurer l'oxygénation du liquide ou, ce qui est préférable, on fait passer un courant d'air dans la masse. Au bout de 8 ou 10 jours la fermentation est terminée. On concentre les liquides, et le lactate de chaux cristalise ; celui-ci doit être purifié par cristallisations répétées. On en retire l'acide lactique en le décomposant par l'acide sulfurique qui donne du sulfate de chaux et met l'acide lactique en liberté.

On peut également s'expliquer par les faits qui précèdent la coagulation spontanée du lait. Le lait est une solution aqueuse de sucre de lait, caséine et sels tenant en suspension des globules de graisse émulsionnée. Les acides possèdent la propriété de précipiter la caséine de ses dissolutions. Il suffit de 1/100, d'acide acétique pour coaguler la caséine du lait à la température ordinaire. 0 gr. 8, p. 0/0 d'acide lactique produisent le même effet.

Au moment de la traite, le lait est neutre ou plutôt il présente une réaction amphotère, puisqu'il bleuit le papier rouge de tournesol et rougit le papier bleu. Mais les germes de la bactérie lactique se rencontrent partout ; sur le pis de la vache, sur les parois les vases dans lesquels on reçoit le lait, sur les vêtements des personnes qui le manipulent. Il en tombe dans le lait, la fermentation lactique s'établit et le lait se coagule lorsque la quantité d'acide lactique formé atteint la proportion indiquée ci-dessus.

D'ailleurs l'action coagulante des acides augmente notablement avec la température ; la fermentation est elle-même plus active quand la température est plus élevée. De là la coagulation si rapide du lait par les chaleurs de l'été.

Herm. Meyer (19) a étudié l'action des différents antiseptiques sur le développement du ferment lactique ordinaire. Il s'est servi, comme liquide renfermant la bactérie lactique, d'un petit lait provenant d'un lait coagulé spontanément à une température comprise entre 18° et 25° C. Ce petit lait était d'abord soumis pendant plusieurs heures à l'action de quantités connues d'antiseptique, puis ajouté à du lait préalablement stérilisé par la chaleur. Dans ces conditions, lorsque l'addition du petit lait n'était pas suivie au bout d'un temps convenable de la coagulation du lait, qui était ici l'indice d'une fermentation lactique en activité, c'est que la bactérie du petit lait avait été tuée par la dose d'antiseptique employée. Herm. Meyer a pu de cette façon déterminer les proportions d'antiseptique qui, ajoutées au petit-lait, amènent la mort du ferment qu'il renferme. Les résultats de ses expériences que nous résumons dans le tableau suivant, donnent donc seulement des indications sur la résistance aux antiseptiques du ferment lactique vivant dans le petit lait. Les chiffres représentent le rapport de la substance antiseptique — en poids pour les solides, en volume pour les liquides — au petit lait en volume, qui empêche toute coagulation ultérieure du lait stérilisé. Certaines substances ont été employées à l'état de dissolution alcoolique.

Bichlorure de mercure	1 p.	3.000
Iode	1 :	1.000
Acide cyanhydrique	1 :	853
Essence d'eucalyptus	1 :	400
Brome	1 :	348
Essence de moutarde	1 :	250
Acide salicylique	1 :	200
Acide sulfureux	1 :	156
Acide benzoïque	1 :	125
Chlorure de calcium	1 :	55
Créosote	1 :	50
Thymol	1 :	50
Phénol	1 :	20
Borate de soude	1 :	20
Benzoate de soude	1 :	10

Avec l'alcool, la glycérine et le chloroforme, il a fallu employer des proportions de substances supérieures à .celles du petit lait pour empêcher toute action ultérieure du ferment. En ce qui concerne le chloroforme, qui est peu soluble dans l'eau, une petite quantité de ce liquide seulement, se trouvait ainsi en solution dans le petit lait.

Il est important de se rappeler que, dans les expériences que nous relatons, il s'agit de doses mortelles. Tel produit qui ne tue la bactérie que lorsqu'il est employé à fortes doses, peut retarder la fermentation à des doses bien plus faibles. Il en a été ainsi pour le chlorure de calcium qui, mélangé au petit lait dans la proportion de 1 pour 7000, retardait déjà la coagulation.

H. Meyer donne d'ailleurs les proportions minima d'antiseptiques qui ajoutés au petit lait ont retardé la fermentation. Mais ces proportions ne signifient pas grand chose. En ajoutant le petit lait au lait la dilution change et il serait plus intéressant, lorsqu'il s'agit de retardement, de connaître le rapport de la quantité d'antiseptique au liquide total. En réalité il reste douteux que les dernières substances de la série aient réellement tué le ferment et ses spores. Peut-être eut-on obtenu une fermentation en diluant davantage.

Koumiss. Képhir. Le koumiss et le képhir sont deux boissons alcooliques et acides préparées avec le lait. Elles sont employées depuis longtemps, comme boissons alimentaires, dans certaines contrées de la Russie, et de l'Asie centrale.

Les médecins russes les ont introduites dans la thérapeutique, et c'est comme médicaments qu'elles sont actuellement utilisées en Allemagne, en Autriche, en Suisse et en France.

On obtient ces boissons en faisant subir au lait une fermentation spéciale, pour la production de laquelle, interviennent plusieurs organismes. L'un de ces organismes est toujours une levûre alcoolique, les autres semblent être des ferments lactiques. Le rôle de chacun d'eux n'est pas complètement élucidé, mais leur présence simultanée paraît nécessaire. Nous allons passer en revue les notions que l'on possède sur ces deux fermentations.

Le koumiss (20) est surtout fabriqué dans les steppes du Sud-est de la Sibérie et de l'Asie centrale par différentes populations nomades : les Kalmoucks, les Kirghiz et les Mongols.

Cette boisson se prépare toujours au moyen du lait de jument ; mais les moyens de l'obtenir paraissent varier d'une peuplade à -

l'autre. Toutefois, tous les procédés peuvent être ramenés au suivant. On mélange dans un vase du lait à du vieux koumiss, on agite pendant quinze minutes et on laisse reposer une nuit. Le lendemain on ajoute du lait frais, on agite avec soin et on recommence à plusieurs reprises dans la journée à agiter le liquide. On obtient ainsi à la fin de la journée un koumiss faible qu'on décante dans un second vase en en laissant un peu dans le premier. Sur ce résidu on ajoute de nouveau lait, on mélange, on agite, on laisse de nouveau reposer une nuit ; le lendemain, après avoir ajouté du lait on agite encore et fréquemment dans la journée. On agite aussi le koumiss du second vase, mais sans ajouter de lait. A la fin du 3e jour on a dans le second vase du koumiss de force moyenne et dans le premier du koumiss faible. On décante dans un troisième vase la plus grande partie du koumiss du second ; sur le résidu on verse le koumiss du premier et dans ce premier vase on recommence les opérations, de sorte qu'on a ainsi, à un même moment et d'une façon régulière, si la fabrication est continue, trois koumiss de forces inégales.

Depuis que le koumiss est devenu une boisson médicamenteuse, et que la consommation a pris dans certaines contrées des proportions considérables, on a fondé des *brasseries* de koumiss, dans lesquelles il est possible d'en obtenir rapidement de grandes quantités. D'après Biel voici comment on procède dans une de ces brasseries installée près de St-Pétersbourg.

Immédiatement après chaque traîte, on commence le koumiss. Le lait encore chaud est versé dans des tonneaux de petit diamètre où l'on a mis une bouteille de vieux koumiss pour dix bouteilles de lait. Ces tonneaux sont à la température de l'atmosphère pendant l'été, mais en hiver ils sont placés dans une pièce chaude. Dans chacun d'eux plonge un agitateur dont l'extrémité inférieure est munie d'une planchette arrondie, d'un diamètre à peu près égal à la moitié du diamètre du tonneau et que l'on agite modérément de 5 en 5 minutes. Cette agitation a pour but de mettre le liquide en contact parfait avec l'air atmosphérique La fermentation marche ainsi beaucoup plus vite qu'en suivant les procédés primitifs. Quand on juge qu'elle est suffisamment avancée, on introduit le koumiss dans de fortes bouteilles que l'on ferme solidement avec un bouchon et un fil de fer ; on conserve ces bouteilles dans une glacière jusqu'au moment d'en faire usage.

Les procédés que nous venons de décrire ne nous apprennent qu'une chose, c'est que les organismes qui déterminent la fermentation proviennent du vieux koumiss. En ajoutant celui-ci à du lait, on fait un ensemencement; les organismes se multiplient, changent le lait en koumiss, lequel peut servir à un nouvel ensemencement.

En comparant la composition chimique du lait de jument à celle du koumiss, nous allons savoir en outre quelle est la transformation qui s'accomplit.

	Composition du	
	Lait de jument (Biel)	Koumiss de 2 jours (Biel).
Eau (p. 0/0).............	90.4	94.29
Acide carbonique.......	0	0.84
Alcool..................	0	1.64
Acide lactique..........	0	0.65
Sucre de lait...........	5.5	1.32
Matière grasses.........	1.35	1.20
Mat. albuminoïde.......	2.35	2.22
Sels	0.3	0.3

On voit que le sucre de lait disparaît et qu'il se forme à sa place de l'alcool, de l'acide carbonique et de l'acide lactique. Dans l'exemple que nous avons choisi, le koumiss renferme encore 1 gr. 32 de sucre de lait; 4 gr. 20 ont donc disparu. D'autre part, il s'est formé 0 gr. 65 d'acide lactique correspondant à une quantité égale de sucre. Il résulte de là que l'acide carbonique et l'alcool proviennent de 4 gr. 2 — 0,65 soit de 3 gr. 55 de sucre de lait.

Cette quantité de sucre donnerait, par une fermentation alcoolique ordinaire, environ 1 gr. 7 d'alcool. Or l'analyse ci-dessus en indique 1 gr. 64. Nous sommes donc fondés à admettre, que l'alcool et l'acide carbonique se sont produits à peu près dans les mêmes proportions que dans le cas de la levûre de bière agissant sur les sucres fermentescibles.

En nous basant sur la discussion qui précède, et en nous rappelant que la levûre de bière ordinaire ne fait pas fermenter le sucre de lait, nous sommes conduits à supposer que le koumiss renferme ou bien un ferment lactique et une levûre capables de faire fermenter la lactose, ou bien de la levûre ordinaire, et un ferment lactique secrétant un ferment soluble qui dédouble le sucre de lait en glucoses assimilables par la levûre.

Les quelques recherches que l'on a faites dans ce sens, et en particulier celles de Cochin (17, p. 681) paraissent donner raison à la seconde de ces suppositions. Mais il n'est nullement certain que cet expérimentateur ait eu entre les mains du koumiss authentique, ce qui enlève toute valeur à ses observations.

Ainsi nous ne savons pas encore quels sont les organismes producteurs de la fermentation dans la préparation du koumiss. Nous sommes tout aussi peu avancés en ce qui concerne les modifications que subit la caséïne du lait pendant la fabrication de cette boisson. Dans un koumiss bien fait, la caséïne ne se coagule pas, bien que la proportion d'acide lactique qu'il renferme soit plus que suffisante pour en amener la coagulation. D'après Dochmann (17, p. 681) la caséine du koumiss ne serait plus tout entière à l'état de caséine ; elle se serait peu à peu transformée en syntonine et en peptone pendant la fermentation. Ces deux dernières matières albuminoïdes n'étant pas coagulables par les acides, on s'expliquerait ainsi que le bon koumiss ne coagule pas. Mais il faudrait alors admettre que les organismes dont nous avons parlé ne sont pas les agents uniques de la fermentation, il faudrait supposer l'intervention d'un ou plusieurs de ces ferments que Duclaux a rencontrés dans le lait, et qui possèdent la propriété de secréter de la trypsine et de digérer par conséquent la caséine. Il y a là comme on le voit toute une série d'hypothèses qui mériteraient d'être examinées par des recherches nouvelles.

De même que le koumiss constitue pour les peuples de l'Asie centrale une boisson alimentaire dont les propriétés thérapeutiques ne sont connues que depuis un petit nombre d'années, de même le *képhir*, autre boisson alcoolique et gazeuse préparée avec le lait, servait d'aliment depuis un temps immémorial aux populations qui habitent les contrées les plus montagneuses du Caucase, lorsque dans ces derniers temps les médecins russes songèrent à le prescrire comme médicament. Mais tandis que le premier est préparé avec du lait de jument, le dernier est surtout obtenu avec le lait de vache.

Il y a quinze ans le képhir était tout à fait inconnu en dehors du pays d'origine, et ce n'est guère que depuis les publications du Dr Dmitrijeff d'Ialta (1881) que son emploi en thérapeutique s'est répandu dans les différents pays d'Europe (21).

Les montagnards du Caucase préparent le képhir à l'aide d'un ferment particulier dont on ne connaît pas l'origine.

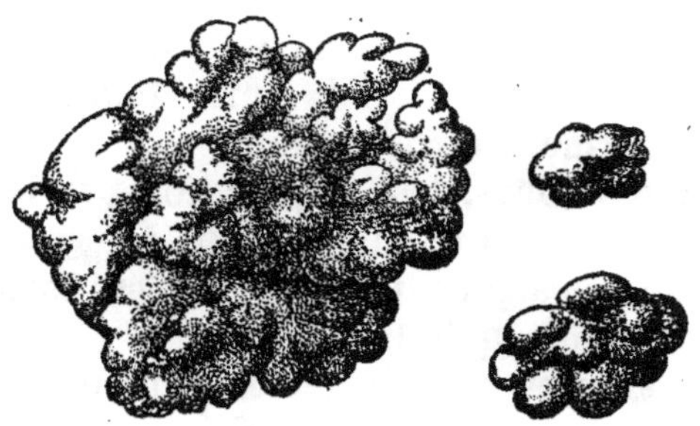

Fig. 10. — Ferment du Képhir, d'après KERN.

A l'état frais et humide ce ferment se présente en masses solides, élastiques, gélatineuses, de couleur blanc jaunâtre, sphériques ou elliptiques et variant en grosseur de 1 millimètre à 5 centimètres (fig. 10). Les plus petites masses sont lisses extérieurement; les plus grosses, présentent des excroissances et des enfoncements qui les font ressembler à des petites têtes de choux-fleurs.

Lorsqu'on introduit ces masses dans du lait, elles tombent d'abord au fond; mais bientôt la fermentation commence, des bulles d'acide carbonique se dégagent, et ces bulles, entraînant les grains de ferments auxquels elles adhèrent, les amènent à la surface du liquide. Si l'on agite alors le vase, les grains retombent au fond, d'où ils s'élèvent bientôt encore par le même mécanisme.

Ce ferment peut être desséché sans perdre ses propriétés. C'est même à l'état sec qu'il est livré pour le commerce. Il est alors jaune clair, ou jaune foncé, dur et cassant.

Dans le Caucase, les montagnards préparent le képhir avec le champignon frais. Pour cela on verse le lait dans une outre en cuir et on l'additionne de la quantité convenable de ferment. On ferme l'outre et on agite fréquemment pendant la durée de la fermentation. Au bout de 1 à 2 jours le képhir peut être consommé. On décante avec soin; le ferment dont le volume a augmenté reste au fond du vase et sert pour une nouvelle opération.

Mais dans les autres pays, on se sert surtout du ferment desséché. Avant de l'employer il est nécessaire de le ranimer de la façon suivante :

On commence par le faire gonfler en le plongeant dans l'eau tiède pendant cinq ou six heures. L'eau se trouble, prend une couleur jaune et devient acide. On le lave ensuite soigneusement avec de l'eau fraîche, puis on le met dans du lait frais qu'on renouvelle deux ou trois fois par jour. Pendant ces diverses manipulations, le ferment devient blanc.

Dans les premiers jours, la fermentation est lente à s'établir, mais elle part de plus en plus vite. Ordinairement, au bout d'une semaine, le ferment a acquis une activité suffisante, et on peut l'employer à la préparation de la boisson.

On doit ajouter environ une cuillerée à bouche du ferment ainsi préparé pour 500 cent. cubes de lait. La fermentation se fait à une température de 18° à 19° centigrades. On agite toutes les heures.

Au bout de 24 heures, le liquide est passé sur un lambeau de mousseline, puis versé dans une bouteille qu'on bouche hermétiquement et qu'on agite de temps en temps. La fermentation se continue dans cette bouteille et on peut boire le képhir le premier, le deuxième ou le troisième jour, suivant qu'on le préfère pauvre ou riche en alcool.

Lorsque la préparation marche bien, on remarque que le liquide se partage en deux couches. La couche inférieure est constituée par un liquide transparent rappelant le petit lait. La supérieure est formée de flocons de caséine extrêmement ténus. Par l'agitation les deux couches se mêlent, constituant une émulsion qui dure un certain temps.

Voyons maintenant quels sont les éléments qui composent le ferment dont on se sert pour la préparation du képhir. Lorsqu'on déchire ou qu'on écrase avec certaines précautions un des grumeaux du ferment frais, on constate à la loupe qu'il est formé de grains plus petits agglomérés par une sorte de ciment gélatineux.

Fig. 11.

Au microscope on reconnaît dans ces grains la présence d'au moins deux organismes (fig. 11), des cellules de levûre et une bactérie que Kern a appelée *Dispora Caucasica*.

Les cellules de levûre sont emprisonnées dans les bactéries. Ces cellules sont tantôt séparées, tantôt unies deux à deux, tantôt encore unies par séries. Elles sont sphériques ou ovales. Les cellules sphériques ont de 3, 2 μ. à 6, 4 μ. de diamètre, tandis que les cellules ovales peuvent atteindre dans leur grand diamètre 9, 6 μ.

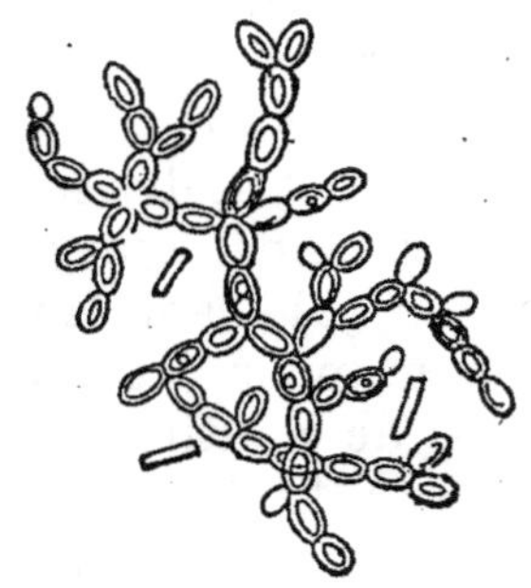

Fig. 12. — Levûre du Képhir.
(D'après KERN).

La levûre du képhir se développe et se multiplie comme la levûre ordinaire (fig. 12). C'est en réalité une levûre domestique au même titre que cette dernière. Elle provient sans doute d'une levûre sauvage, mais il est bien impossible de savoir quelle est cette levûre sauvage et comment elle s'est trouvée associée à d'autres organismes, pour former une sorte de ferment composé dont on se sert depuis si longtemps.

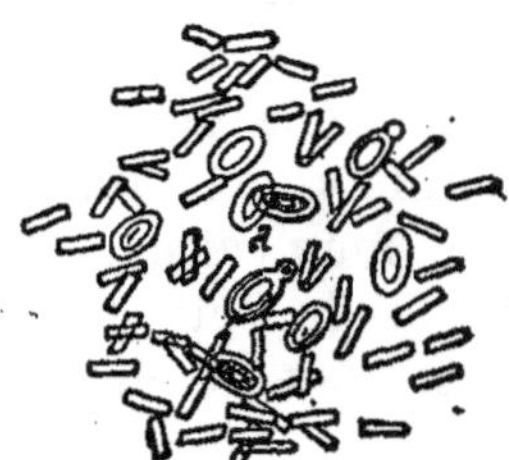

Fig. 13. — D'après KERN.

Fig. 14.
D'après KERN.

Il paraît exister dans le ferment de képhir plusieurs espèces de bactéries. Mais l'espèce qui, avec la levûre, constitue la presque totalité du ferment, est le Dispora Caucasica. Cet organisme se compose de bâtonnets courts, cylindriques, qui se multiplient par division et se séparent (fig. 13 et 14). Du moins, c'est là ce qu'on voit le plus ordinairement, car, — et cela se produit lorsque les conditions de milieu sont défavorables — les bâtonnets après s'être allongés et divisés restent parfois réunis et constituent de longs filaments qui s'enchevêtrent les uns les autres d'une manière compliquée.

Cette bactérie possède, à un plus haut degré que la plupart des autres espèces de bactéries, la propriété de produire une sorte de glaire qui porte le nom de *zooglée* (Cohn). La formation de la zooglée est facile à comprendre. C'est la membrane cellulaire de la bactérie qui se gonfle en formant une subtance gélatineuse transparente. Les zooglées de chaque cellule ou de chaque groupe de

cellules se réunissant les unes aux autres, il en résulte des masses
très variées de forme, mais en général à contours arrondis. Ce
sont ces masses qui constituent les grains de képhir et c'est à leur
intérieur que se trouvent emprisonnés les globules de levûre.

Les bactéries ainsi réunies dans la masse gélatineuse ne sont
pas pour cela privées de vie ; elles s'accroissent et se divisent activement. Elles peuvent même liquéfier la gélatine, quitter cette
espèce de colonie et nager librement dans le liquide ambiant.

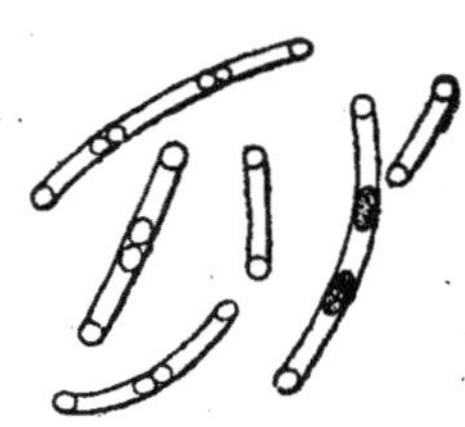

Fig. 15. — D'après KERN.

La bactérie dont nous nous occupons présente, outre le mode de multiplication par
division, le mode de multiplication par formation de spores (fig. 15). Cette formation
des spores coïncide toujours avec la diminution des matériaux nutritifs. Dans les cellules allongées en filament, on remarque en
général des séries de spores. Dans les cel-
lules isolées, on n'aperçoit jamais que deux spores placées chacune à l'une des extrémités. C'est en raison de cette dernière par-
ticularité que Kern a cru devoir créer pour cette bactérie le nom
générique de Dispora. Mais comme on le voit, la formation de
deux spores pour chaque cellule n'est pas générale et peut-être
n'y avait-il pas urgence à créer un nouveau genre.

Les spores sont sphériques et leur diamètre est égal à la largeur
du bâtonnet. Leur apparition est un signe que le développement
des bâtonnets est terminé.

On obtient toujours la formation des spores par la dessiccation.
Si on transporte le ferment desséché dans un liquide nutritif, les
spores deviennent libres, s'échappant quelquefois dans le liquide
ambiant. J'ai placé quelques morceaux du ferment du képhir dans
de l'eau sucrée, la température étant de 20 à 21° centigrades, et au
bout de 2 à 3 heures j'ai vu le liquide couvert d'un voile extrêmement fin, rappelant les voiles mycodermiques. Ce voile était composé entièrement de spores. Maintenues dans ces conditions les
spores germent, il apparaît sur chacune d'elles un petit mamelon
qui s'allonge en filament. Ce filament donne par division des cellules identiques à celles d'où proviennent les spores (fig. 16).

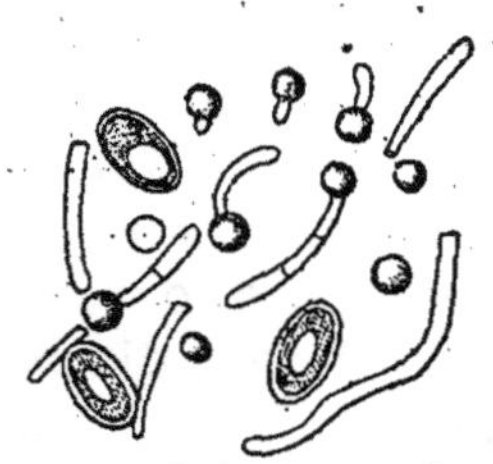

Fig. 16.
Germination des spores
(d'après KERN).

Les bâtonnets isolés et les spores sont mobiles. Kern prétend avoir aperçu à l'une des extrémités du bâtonnet un fouet ondulé qui serait l'organe du mouvement.

D'après plusieurs observateurs, le ferment du képhir renfermerait encore la bactérie de la fermentation lactique, et même les germes du ferment butyrique. Il ne peut guère en être autrement, puisque, comme nous l'avons vu plus haut, le ferment lactique en particulier est toujours présent dans le lait.

Tels sont les organismes qui constituent le ferment du képhir. Il nous reste à examiner les changements que subissent les matériaux constitutifs du lait pendant la fermentation. On avait supposé, à l'origine des recherches scientifiques sur ce sujet, que la composition chimique du képhir devait être analogue à celle du koumiss ; mais les analyses exécutées depuis quelques années ont montré qu'il y avait entre les deux boissons une certaine différence.

Le tableau suivant, effectué à l'aide des analyses publiées par un pharmacien russe, Tuschinsky, donnera un aperçu de ce que devient le lait transformé en képhir. Le lait a été écrémé avant d'être soumis à la fermentation. L'acide carbonique n'a pas été dosé.

	Lait de vache. Densité 1,028.	Képhir de deux jours. Densité 1,026.
Albuminoïdes p. 1.000	48	38
Graisse	38	20
Sucre de lait	41	20.025
Alcool	—	8
Acide lactique	—	9
Eau et sels	873	904.097

On ne peut guère comparer le képhir au koumiss puisque ce dernier est préparé à l'aide du lait de jument. Cependant il est facile de voir que la fermentation képhirique a un autre caractère que celle qui donne le koumiss. En effet, le rapport de l'acide lactique à l'alcool était pour le koumiss 65/164 ; en chiffre rond 3/8 ; il est pour le képhir de 9/8. En second lieu, une partie des albuminoïdes du koumiss se trouve transformée en peptones ; il ne paraît pas qu'une peptonisation proprement dite se produise pour le képhir. Ssadowenj, il est vrai, a publié des analyses de képhir dans lesquelles nous trouvons signalée la présence de 0 gr. 41 de peptone par litre pour un képhir d'un jour ; mais c'est là vraiment une proportion trop faible pour qu'il en soit tenu compte. D'ailleurs, dans le même képhir, après 5 jours de fermentation, cet observateur a retrouvé la même proportion de peptone. Il est donc difficile d'admettre qu'il se produit, pendant la fermentation képhirique, une action peptonisante. J'ajouterai que j'ai recherché spécialement la peptone dans un képhir préparé à Paris sans pouvoir en constater la présence.

Quoiqu'il en soit, en s'en tenant aux analyses de Tuschinsky, il semble que sous l'influence du ferment du képhir, deux sortes de fermentations ont lieu : une fermentation alcoolique et une fermentation lactique.

La première donne naissance à de l'alcool, à de l'acide carbonique et à de petites proportions d'acide succinique et de glycérine. La seconde fournit de l'acide lactique.

En exposant l'histoire du koumiss, nous avons été obligé de faire des hypothèses sur la nature des organismes qui interviennent dans sa préparation. Ici nous sommes un peu plus avancés ; nous connaissons ces organismes. Quant à savoir quelle est la part qui revient à chacun d'eux dans le travail fermentaire exécuté pour la transformation du lait en képhir, nous en sommes également réduits à des conjectures.

Si le lait, au lieu de lactose, renfermait du glucose, on pourrait affirmer que chacun des organismes détermine en présence de ce sucre la fermentation qui lui convient : la levûre donnant naissance à la fermentation alcoolique et les bactéries à une fermentation lactique. Mais le sucre de lait est un sucre dans la solution duquel la levûre pure, — la levûre du képhir est dans le même cas — est incapable de déterminer la fermentation alcoolique. Il est nécessaire que ce sucre soit préalablement transformé par hydratation en glucose et en galactose qui sont fermentescibles.

Il y a ainsi lieu d'admettre que l'une des bactéries qu'on rencontre dans le ferment du képhir possède, peut-être grâceà la sécrétion d'un ferment soluble, la propriété de dédoubler le sucre de lait. Une partie des produits de dédoublement servirait à fournir l'acide lactique, tandis que le reste serait transformé par la levûre en alcool et acide carbonique.

CHAPITRE IV

FERMENTATIONS PAR HYDRATATION.

Fermentation ammoniacale.

L'urine normale de l'homme et des animaux carnivores abandonnée à l'air devient alcaline et ammoniacale, au lieu de conserver la réaction acide qu'elle présente au moment de son émission. Cela provient de ce que l'urée est transformée en carbonate d'ammoniaque en fixant de l'eau.

L'urine, de claire qu'elle était à l'origine, devient trouble et il se forme au bout d'un certain temps un dépôt de phosphates et de matières organiques.

Ce phénomène est connu depuis bien longtemps. Mais sous quelle influence se produit-il? C'est ce qu'on ne savait pas d'une façon nette. Fourcroy et Vauquelin qui, les premiers, avaient attribué l'altération de l'urine à celle de l'urée qu'elle renferme (1), supposaient vaguement que c'est la matière albumineuse de l'urine qui joue vis-à-vis de l'urée le rôle de ferment (2). C'est à peu près la même opinion qu'on trouve exprimée plus tard par Dumas qui admettait que la transformation de l'urée a lieu par le concours du mucus que l'urine renferme et qui se convertit en ferment (3). Jacquemart un des élèves de Dumas fit même à ce sujet une série d'expériences dont l'idée lui avait été donnée par son maître, et il arriva à ce résultat, que le dépôt blanc qui se forme dans les vases où l'on recueille les urines paraît être le plus énergique des agents de décomposition. Mais ce travail laissait indéterminés le mode d'action et la nature du ferment qu'il regardait comme une matière amorphe et morte (4).

En 1860 seulement, on voit un chimiste allemand, Müller, par ler du sédiment de l'urine comme d'un ferment organisé. Mais Müller n'en avait pas fait d'observation microscopique ; il parlait uniquement par analogie avec la levûre de bière (5). C'est Pasteur le premier qui, en 1862, attira l'attention sur un petit organisme sphérique en chapelets, dont il avait constaté la présence dans l'urine toutes les fois que ce liquide était devenu ammoniacal. « Je suis porté à croire, disait-il, que cette production constitue un ferment organisé et qu'il n'y a jamais transformation de l'urée, en carbonate d'ammoniaque sans la présence et le développement de ce petit végétal » (6). Ces vues ont été pleinement confirmées, deux années plus tard, par Van Tieghem à qui l'on doit une importante étude morphologique et physiologique de l'organisme observé par Pasteur (7). Depuis cette époque, on a découvert plusieurs autres micro-organismes capables de déterminer la transformation de l'urée en carbonate d'ammoniaque ; mais nous ne nous occuperons tout d'abord que du premier qui paraît du reste être l'agent le plus fréquent et le plus actif de la fermentation ammoniacale ordinaire de l'urine. C'est à lui que Cohn a donné le nom de *Micrococcus ureæ*. Les autres feront en dernier lieu l'objet d'un paragraphe particulier.

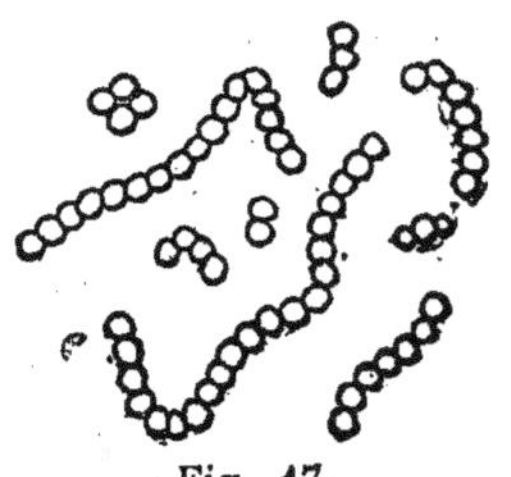

Fig. 17.
M. Ureæ. D'après VAN TIEGHEM.

Description du Micrococcus ureæ (Cohn) (fig. 17). Ce végétal est formé de globules sphériques dont le diamètre est en moyenne de 1, 5 μ. Ces globules sont réunis en longs chapelets à courbures élégantes, qui remplissent tout le liquide pendant que la fermentation suit son cours. Quand celle-ci est terminée, ils se rassemblent au fond et les chapelets se brisent ; aussi, examiné dans un dépôt un peu ancien, le ferment se présente-t-il en courts chapelets ou en petits amas de globules. La lumière influence cet organisme d'une façon curieuse, car les dépôts floconneux de ferment se font tous sur la paroi la plus directement éclairée des flacons où l'urine fermente.

Quand on veut se procurer ce petit ferment pour l'ensemencer dans une urine fraîche par exemple, il suffit d'extraire, avec un tube effilé, une petite portion du dépôt d'une urine complètement fermentée ; on sépare, si l'on veut, le Micrococcus des cristaux avec lesquels il se trouve mélangé dans le dépôt, en laissant quelques instants le tube vertical en repos et faisant écouler les premières gouttes qui contiennent la plus grande partie des cristaux.

Les germes de ce micrococcus sont du reste répandus dans l'atmosphère et il suffit d'exposer de l'urine à l'air pour que celle-ci s'ensemence d'elle-même. Mais il n'est pas rare, dans ces conditions, de voir apparaître d'autres productions dont le développement entrave plus ou moins celui du ferment de l'urée.

Conditions de développement du Micrococcus ureæ. Le milieu qui convient le mieux à cet organisme est évidemment l'urine ; On peut également le cultiver dans de l'eau de levûre dans laquelle on a fait dissoudre de l'urée, ainsi que dans une dissolution d'urée additionnée de phosphates. On obtient ainsi la transformation de l'urée en carbonate d'ammoniaque, ce qui montre bien que l'action du microbe est indépendante de la présence de l'urine dans laquelle il vit d'ordinaire.

Jaksch (8) conseille comme liquide de culture la solution suivante :

Eau distillée..	1 litre.
Sulfate de magnésie...............................	0 gr. 06
Phosphate d'acide de potasse....................	0 gr. 12
Sel de Seignette....................................	5 gr.
Urée...	5 gr.

L'urée peut-être remplacée dans cette solution par le glycocolle, la leucine, l'asparagine, la créatine, l'hippurate de soude, ou les peptones.

La température à laquelle le développement du M. ureæ a lieu le plus rapidement est située entre 30 et 33° C. Il est tué à 60°.

Le M. ureæ ne se développe pas en l'absence d'oxygène. Pour le démontrer, Jaksch ensemençait ce microbe dans son liquide de culture contenu dans un tube en verre étranglé à quelque distance de l'extrémité ouverte. On faisait le vide, et on scellait à la lampe. Dans ces conditions, il ne se produisait pas de fermentation.

Une des propriétés les plus curieuses du M. ureæ est de pouvoir vivre dans des liqueurs qu'il a rendues très alcalines. Van Tieghem a vu une fermentation se continuer jusqu'à ce qu'il y ait eu dans le liquide 13 p. 0/0 de carbonate d'ammoniaque. A ce degré de concentration, la liqueur tue toutes les cellules végétales avec lesquelles elle est mise en contact.

Les acides minéraux et un certain nombre d'acides organiques : acide tartrique, acétique, salicylique arrêtent le développement du M. ureæ.

Substances fermentescibles. Mode d'action du M. ureæ. Le M. ureæ détermine, comme nous l'avons déjà dit, la transformation de l'urée en carbonate d'ammoniaque. L'équation de cette transformation peut être déduite des recherches de Dumas sur la composition de l'urée (9). Ce chimiste a montré que l'urée traitée par l'acide sulfurique ne dégage que de l'acide carbonique, par la potasse que de l'ammoniaque, et que les volumes de ces gaz sont entre eux comme 1 est à 2. Ce rapport est celui qui existe entre l'acide carbonique et l'ammoniaque dans un carbonate qui aurait pour formuele $2\ (AzH^3,\ CO^2)$. Or, si de cette formule on retranche celle de l'urée, il reste 2 équivalents d'eau. On peut donc dire que c'est en fixant 2 équivalents d'eau que l'urée se change en acide carbonique et en ammoniaque.

$$\underbrace{C^2\ H^4\ Az^2\ O^2}_{\text{Urée.}} +\quad H^2\ O^2 = 2\ Az\ H^3 + 2CO^2$$

La combinaison AzH^3, CO^2 s'obtient bien lorsqu'on mélange 2 vol. d'AzH^3 et 1 vol. de CO^2; mais elle ne peut exister au contact de l'eau. Dans ces conditions, on peut admettre comme équation définitive.

$$C^2\ H^4\ Az^2\ O^2 + 2\ (H^2\ O^2) = 2\ (AzH^4O,\ CO^2).$$

Ce carbonate neutre, qui n'existe qu'en solution aqueuse ou alcoolique, est lui-même très instable. Ses solutions dégagent de l'ammoniaque et il se forme du sesquicarbonate et même du bicarbonate d'ammoniaque.

La transformation de l'urée en carbonate d'ammoniaque a une grande importance dans l'économie de la nature. L'urée, en effet, est la forme sous laquelle l'azote des tissus est éliminé de l'organisme animal. Cette urée ne devient assimilable pour les plantes qu'à la condition d'être convertie en sel ammoniacal, et comme nous venons de le voir, cette conversion est l'œuvre d'un ferment organisé qui se trouve être ainsi l'intermédiaire obligé entre les animaux et les végétaux supérieurs.

L'urée n'est pas le seul produit sur lequel le M. ureæ exerce une action fermentaire. On trouve dans l'urine des herbivores un composé azoté particulier : *l'acide hippurique.* D'après les recherches de Dessaignes, ce composé traité par les alcalis ou par les acides se dédouble suivant l'équation suivante (10).

$$C^{18} H^9 AzO^6 + H^2 O^2 = C^{14} H^6 O^4 + C^4 H^5 Az O^4$$

Ac. hypurique.   Ac. benzoïque.   Glycollamine.

Or, l'acide hippurique a disparu dans l'urine des herbivores lorsque celle-ci est altérée, et il s'est fait de l'acide benzoïque. C'est encore au M. ureæ (*a*) qu'il faut attribuer ce dédoublement qui, comme l'a montré V. Tieghem, s'opère suivant l'équation ci-dessus.

Quel est maintenant le mécanisme de ces fermentations ?

Il n'est pas douteux que les matériaux hydrocarbonés et azotés qui entrent dans la composition du ferment sont empruntés à la substance fermentescible. Ce ferment doit évidemment se comporter à cet égard comme tous les autres ferments organisés. Nous savons d'autre part que le M. ureæ possède la propriété de secréter un ferment soluble (voir première partie) qui transforme l'urée en carbonate d'ammoniaque. C'est donc par l'intermédiaire de cette sécrétion que se fait l'hydratation et le dédoublement de l'urée.

Si l'on s'en rapporte à ce que l'on sait sur la physiologie des êtres vivants, on est conduit à admettre que ce ferment soluble doit-être pour le M. ureæ une sécrétion digestive, un moyen de se préparer une matière assimilable aux dépens des matériaux qu'il rencontre dans la liqueur et non le terme définitif de ses actions comme ferment. Comment tire-t-il ensuite parti des produits formés ? C'est là un point qui n'a pas été abordé.

Autres ferments de l'urée. A l'exception du microorganisme observé par Flügge et qui rentre dans le genre Micrococcus, les autres ferments connus de l'urée appartiennent à des genres différents.

Micrococcus ureæ liquefaciens (Flügge) (11). Ce microorga-

(*a*) Le micrococcus atteint dans l'urine des herbivores un développement qu'on ne lui trouve jamais dans l'urine des carnivores. Peut-être a-t-on affaire à un organisme voisin du M. ureæ, mais non identique à celui-ci ?

nisme trouvé dans de l'urine décomposée se distingue du M. ureæ
de Pasteur par ses dimensions qui sont plus grandes (1,25 à 2 μ.)
et par la propriété qu'il possède de liquéfier la gélatine sur laquelle
on le cultive. Il transforme l'urée en carbonate d'ammoniaque.

Bacillus ureæ. Miquel (12). Bacille très ténu, dont la largeur
est inférieure à 1 μ, qui se développe en longs filaments dans l'u-
rine en la rendant trouble. Il peut résister à une température de
80 à 90° pendant deux heures, ce qui permet de le séparer d'autres organismes moins résistants. A la fin de sa vie il produit
des spores elliptiques brillantes, capables de supporter plusieurs
heures la température de 96°. C'est un agent très actif du dédoublement de l'urée. Il a été trouvé dans l'eau d'égout.

Leube a décrit également sous le nom de *Bacillus ureæ* (13) un
bacille qu'il a rencontré dans l'urine putréfiée et qui décompose
l'urée énergiquement. Peut-être est-il identique à celui de Miquel.
Leube a encore signalé deux autres bacilles et une sarcine possédant la propriété d'hydrater l'urée, mais tous ces organismes n'ont
encore été étudiés que très imparfaitement.

CHAPITRE V

I. — Fermentation butyrique.

On peut admettre qu'il y a fermentation butyrique toutes les fois que l'un des produits principaux d'une fermentation est l'acide butyrique $C^8 H^8 O^4$; quels que soient d'ailleurs l'organisme qui la détermine et les substances qui sont décomposées.

Nous verrons plus loin que plusieurs organismes possèdent la propriété de former de l'acide butyrique en faisant fermenter les composés chimiques les plus variés; mais la fermentation butyrique la mieux connue est celle du lactate de chaux. Elle a été découverte par Pelouse et Gélis (1). L'agent de cette fermentation a été observé et décrit pour la première fois par Pasteur (2).

Ferment butyrique du lactate de chaux. Clostridium butyricum Prasmowski (6) ; *Vibrion butyrique* Pasteur ; *Amylobacter Clostridium* Trecul (3); *Bacillus amylobacter* V. Tiegh. (4); *Bacterium Navicula* Reinke et Berthold (5) (fig. 18). Ce ferment dont

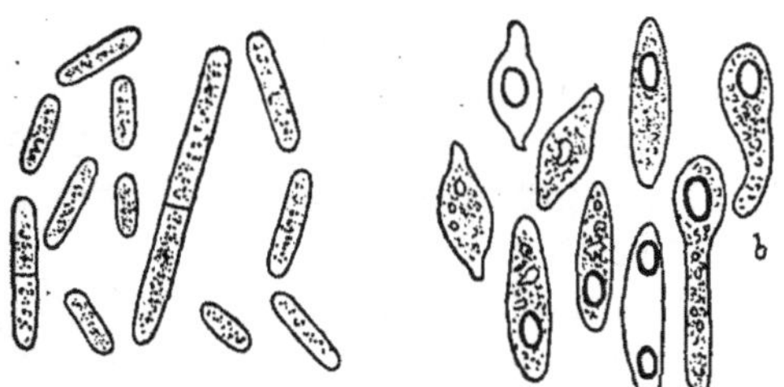

Fig. 18. — Cl. butyricum (d'après Prazmowki).

Fig. 19.
Germination des
Spores.

les germes sont aussi répandus que ceux du ferment lactique accompagne toujours ce dernier dans le petit lait. On le rencontre également dans la choucroute, dans les macérations aqueuses de graines riches en matières protéiques ou de racines charnues, dans le jus de betterave des sucreries, dans le vieux fromage, etc.

Le meilleur procédé pour l'obtenir et l'étudier consiste à mettre dans l'eau ordinaire des tranches de pommes de terres crue et à maintenir le tout entre 25 et 30° pendant 2 ou 3 jours ; on peut observer alors dans le liquide le Cl. butyricum à ses différents états de développements.

On trouve d'abord des bâtonnets de 3 à 10 μ. de longueur sur 1 μ environ d'épaisseur. Ces bâtonnets forment fréquemment de courts filaments. Le plus souvent, ils sont très mobiles ; quelquefois ils sont en repos et réunis en zooglées.

Après quelque temps, les bâtonnets cessent de s'allonger et deviennent plus épais. Cet épaississement dépend de la longueur atteinte par les bâtonnets. Les plus courts (4 à 5 μ) s'épaississent dans la région moyenne et prennent la forme d'un fuseau. Les plus longs s'épaississent tantôt dans leur milieu, tantôt à l'une de leurs extrémités ; ils ont dans ce dernier cas la forme d'un têtard. La largeur des bâtonnets à l'endroit de leur épaississement varie de 1, 8 à 2, 6 μ (fig. 18, b.)

Quand les bâtonnets sont arrivés à leur grosseur définitive on observe la formation des spores. Celles-ci sont elliptiques et mesurent 2 à 2, 5 μ de longueur sur 1 μ de largeur (fig. 18, b). Chaque bâtonnet en fournit une habituellement, rarement 2. Elles deviennent libres par dissolution de la membrane.

Pendant le développement du ferment butyrique, le protoplasma subit dans certaines conditions de substratum des modifications chimiques importantes. Il se produit dans son intérieur une sorte de matière amylacée qui se teint en bleu ou en violet par l'iode (3). Le moment de la formation de cette matière dépend de l'activité de la fermentation. Si la fermentation est peu active et si le milieu de culture est riche en amidon elle apparaît de bonne heure alors que le bâtonnet est encore en voie d'accroissement et de division, Si la fermentation est très active, même alors que le milieu est riche en matière amylacée, elle n'apparaît qu'immédiatement avant a formation des spores (7).

La présence d'amidon dans les milieux de culture n'est pas

nécessaire pour que cette matière colorable par l'iode se produise. Van Tieghem (4) l'a observée dans des milieux nutritifs renfermant au lieu d'amidon, de la mannite, de la glycérine, du lactate de chaux, du sucre ou de la cellulose.

Circonstances qui favorisent ou entravent le développement du ferment butyrique du lactate de chaux. Lorsque, dans une fermentation lactique ordinaire (sucre, caséine, carbonate de chaux et eau), les liquides ne sont pas suffisamment aérés, on obtient comme produit du lactate de chaux renfermant des proportions plus ou moins grandes de butyrate de chaux. La formation de ce dernier sel s'explique de la façon suivante :

Les germes du ferment butyrique se rencontrent toujours, avons-nous dit, dans les mêmes milieux que ceux du ferment lactique. Ils doivent donc exister, et ils existent réellement dans un milieu présentant la composition de celui qui précède. Or, le Cl. butyricum est le type des ferments anaérobies. Tant que les liquides renferment de l'oxygène, il ne peut se développer ; mais comme cet oxygène est consommé peu à peu par le ferment lactique, si ce gaz n'est pas renouvelé par un moyen quelconque, ses spores se trouvent dans des conditions propres à leur germination ; le ferment butyrique se multiplie activement, décompose le lactate de chaux déjà formé et donne naissance à de l'acide butyrique. Si par la suite on aère le liquide, le ferment butyrique cesse de se développer et le ferment lactique reprend son action sur la matière sucrée.

Ces faits nous démontrent que la présence de l'oxygène dans une fermentation lactique est nécessaire, non seulement parce que ce gaz est indispensable au ferment lactique qui en a besoin pour vivre, mais encore parce qu'il empêche le développement du ferment butyrique. Inversement, ils nous apprennent que pour obtenir une fermentation butyrique régulière du lactate de chaux, ou de tout autre substratum convenable, il faut opérer à l'abri de l'air.

On se rend très bien compte de l'action paralysante de l'oxygène libre sur le Cl. butyricum par une simple observation microscopique.

A cet effet, déterminons à l'abri de l'air une fermentation butyrique du lactate de chaux. (8) Le mélange suivant dont la composition a été donnée par Pasteur convient particulièrement.

Eau......................................	8 à 10 litres.
Lactate de chaux........................	225 gr.
Phosphate d'ammoniaque................	0 gr. 75
» potasse	0 gr. 4
Sulfate de magnésie.....................	0 gr. 4
» d'ammoniaque	0 gr. 2

On l'ensemence à l'aide de quelques centimètres cubes d'un liquide de même composition, mais en fermentation butyrique. Si à un moment quelconque, quand la fermentation est en pleine activité on y puise une goutte de liquide qu'on examine immédiatement au microscope, on la trouve remplie par les bâtonnets du ferment butyrique. Tous ces bâtonnets sont d'abord doués de mouvements, mais bientôt ceux qui occupent le bord de la lamelle cessent de se mouvoir, tandis que ceux qui sont au centre continuent encore quelque temps à s'agiter. C'est que l'oxygène de l'air a pénétré peu à peu dans la goutte de liquide, allant de la périphérie au centre, paralysant d'abord les bactéries qui sont sur les bords et finalement celles qui occupent le milieu de la préparation.

En prolongeant l'action de l'oxygène de l'air sur le ferment butyrique, on arrive à le tuer complètement (8, p. 293). Mais les spores de cet organisme n'en éprouvent aucun dommage ; ce sont ces spores, qui répandues dans l'atmosphère et transportées de tous côtés assurent la continuité de l'espèce.

Il y a dans cette influence de l'oxygène sur le développement du ferment butyrique un fait difficile à concilier avec la théorie respiratoire des fermentations dont il a été question antérieurement. D'après cette théorie, les organismes devraient leur pouvoir de ferment à un besoin d'oxygène tel, que lorsque l'oxygène libre fait défaut, ils l'enlèvent aux composés organiques en provoquant leur décomposition par rupture d'équilibre. On ne comprend guère que dans ces conditions l'oxygène puisse être un poison pour certains d'entre eux. Cependant il ne faut pas perdre de vue que, lorsqu'on parle des besoins d'oxygène d'un ferment, on entend des besoins extrêmement faibles comme quantité. En réalité, l'oxygène libre en *excès* est mortel à tous les microbes. Bert a démontré en effet que les micro-organismes sont tués par l'air comprimé (9). Pour le ferment butyrique, on pourrait donc supposer — et la théorie des fermentations à laquelle nous faisons allusion resterait ainsi acceptable — que l'*excès* commence avec l'oxygène tel qu'il est dans l'air.

Il se peut que ce ferment se contente de très faibles traces d'oxygène au delà desquelles se manifeste l'action nuisible de ce gaz. Rien ne s'oppose à ce qu'on admette que le ferment butyrique, analogue en cela à la levûre de bière, exige à certains moments de son existence le contact d'une quantité appréciable d'oxygène capable de lui rendre une vitalité qui va s'affaiblissant dans les générations successives. Peut-être que les spores qui, nous le savons, supportent impunément le contact de ce gaz en font une provision suffisante pour la continuation de l'activité du microbe. Ajoutons toutefois qu'il n'a pas été fait d'observations qui permettent d'appuyer d'arguments positifs ces différentes hypothèses.

La température optimale de l'action du Cl. butyricum est située entre 35 et 40°. A 45° il ne se développe plus (10). Il meurt si l'on porte à 100° les liquides qui le renferment ; mais ses spores résistent encore à cette température, moins longtemps cependant que les·spores de certaines autres bactéries et en particulier du Bacillus subtilis qui se rencontre dans les mêmes milieux.

Comme tous les micro-organismes, le ferment butyrique a besoin pour vivre d'un aliment azoté. On a vu plus haut qu'il se développe facilement dans un milieu purement minéral ; mais c'est tout ce que l'on sait sur ce sujet.

De même que le ferment lactique, le ferment butyrique préfère les milieux neutres, ou même un peu alcalins. Si donc, on veut obtenir une fermentation butyrique régulière, il convient d'ajouter de la craie pour empêcher l'accumulation de l'acide butyrique dans le liquide, à moins qu'il ne s'agisse d'un sel dont la base reste en combinaison avec cet acide butyrique.

Substances fermentescibles et produits de la fermentation butyrique. Dans la fermentation butyrique du lactate de chaux, — de l'acide lactique par conséquent, — il y a dégagement d'acide carbonique et d'hydrogène. On a donné de la transformation, la formule suivante :

$$2\ (C^6\,H^5\,CaO^6) + HO = C^8H^7CaO^4 + CaO, CO^2 + 3CO^2 + 4\,H$$

Lactate de chaux.   Butyrate.

Il se produirait donc un seul équivalent de butyrate de chaux pour deux équivalents de lactate. Mais dans aucun cas l'expérience n'est d'accord avec cette formule. La proportion de l'acide carbonique et de l'hydrogène n'est jamais la proportion voulue. Elle semble même varier dans le courant de la fermentation. D'ailleurs, il se forme quelquefois de l'alcool butyrique et de l'acide acétique. On n'a pas encore expliqué ces variations. Peut-être tiennent-elles à ce que des microbes autres que le Cl. butyricum se développent dans des liquides à l'insu des expérimentateurs.

Le Cl. butyricum fait aussi fermenter les matières sucrées, la dextrine, l'inuline et différentes variétés de cellulose, et cela avec production d'acide butyrique.

La fermentation de la cellulose mérite de nous arrêter un instant ; car elle présente une certaine importance industrielle, et un grand intérêt physiologique. Le ferment butyrique n'attaque pas indistinctement toutes les celluloses. « Il n'y a qu'un état, dit Van Tieghem, où toutes les cellules de toutes les plantes aient toutes leurs membranes, si épaissies qu'elles puissent être, également dissoutes par l'*Amylobacter*, c'est l'état d'embryon ». Quand la plante s'est développée, on remarque entre ses tissus de profondes différences. Les uns se dissolvent rapidement dans un liquide renfermant des Amylobacter, d'autres plus lentement, d'autres enfin résistent à la macération (11).

Les parties les plus résistantes sont le liège, les fibres ligneuses, les fibres du liber, le tissu médullaire âgé. Ces propriétés sont mises à profit dans différentes industries, comme le rouissage du lin, du chanvre et d'autres plantes textiles employées aux usages domestiques.

La plupart des grains d'amidon ne sont pas attaqués où le sont difficilement, tandis que la membrane des cellules qui les renferment est dissoute. Quand on abandonne des tranches de pommes de terre dans l'eau, le parenchyme se désagrège, la cellulose disparaît, et l'on peut au bout de quelque temps retrouver au fond du vase les grains de fécule isolés et inaltérés. Le ferment butyrique, qui s'est développé, a détruit la membrane et respecté la fécule.

Pour extraire l'amidon du blé on mélangeait autrefois la farine avec de l'*eau sûre* (eau provenant des opérations précédentes). On déterminait ainsi une fermentation dont l'un des agents était le ferment butyrique, et au bout de quelques jours, il ne restait dans les liquides que l'amidon. Le gluten et les membranes étaient détruits. Aujourd'hui on a encore recours à cette fermentation mais seulement après avoir séparé le gluten en malaxant la farine sous un filet d'eau.

Enfin le ferment butyrique joue un rôle important dans la nutrition des ruminants à laquelle il concourt puissamment en transformant, dans l'estomac de ces animaux, la cellulose du fourrage en des composés solubles et assimilables.

Autres ferments butyriques. Le Cl. butyricum dont nous venons de faire l'histoire n'est pas le seul organisme qui puisse produire de l'acide butyrique au moyen de divers matériaux. On en a signalé un grand nombre d'autres. Parmi eux, nous citerons d'après Flugge (13) comme le plus intéressant, le bacille de Hueppe. Cet organisme que Hueppe a pu isoler dans du lait incomplètement stérilisé posséderait les caractères d'un aérobie. Il croît dans la gélatine qu'il liquéfie, sans qu'il soit nécessaire de prendre des précautions particulières à l'égard de l'oxygène. Il produit de l'acide butyrique avec les lactates. Enfin, il sécrète de la présure et de la trypsine. Il est possible qu'il joue un certain rôle dans la maturation des fromages.

II. — Fermentation sulfhydrique.

De la formation des eaux sulfureuses.

On a fait depuis longtemps la remarque que les eaux sulfureuses sont habitées par des végétaux filamenteux qui s'y développent abondamment et auxquels on a donné, en raison de cette circonstance, le nom vague de *sulfuraires* ou celui de *sulfo-bactéries*. On les rencontre encore dans les marais, sur le rivage de la mer, dans les anfractuosités où pourrissent les algues marines, et, en général, partout dans les eaux, où des amas de plantes se putréfient.

Leur présence, si constante dans les eaux sulfureuses a fait penser qu'il devait y avoir une relation entre le développement de ces organismes et la production de l'hydrogène sulfuré.

On a émis à ce sujet deux hypothèses. Pour les uns, les sulfuraires seraient la cause de la production de l'hydrogène sulfuré, qui proviendrait de la réduction des sulfates en dissolution dans l'eau par ces végétaux. Pour d'autres, les sulfuraires seraient la conséquence de la présence de l'hydrogène sulfuré : ce gaz devant

par oxydation fournir du soufre, corps nécessaire à leur développement.

Ces deux hypothèses sont, comme on le voit, tout à fait opposées puisque dans la première les sulfuraires exerceraient une
action réductrice et dans la seconde une action oxydante. Malgré des recherches importantes effectuées dans ces derniers temps,
il ne paraît pas que la question soit encore résolue. Nous nous
bornerons donc, dans ce qui va suivre, à exposer successivement
les faits invoqués à l'appui de chacune de ces hypothèses, après
avoir dit quelques mots des caractères communs aux sulfuraires.

Les principaux de ces organismes appartiennent au genre
Beggiatoa, lequel peut être rangé parmi les bactéries qui ne produisent pas de spores à l'intérieur de leurs cellules. Ce sont des
portions isolées de l'ensemble des cellules végétatives qui, directement, sans formation endogène préalable, acquièrent les propriétés des spores, se séparent et donnent naissance à une nouvelle
génération de cellules végétatives.

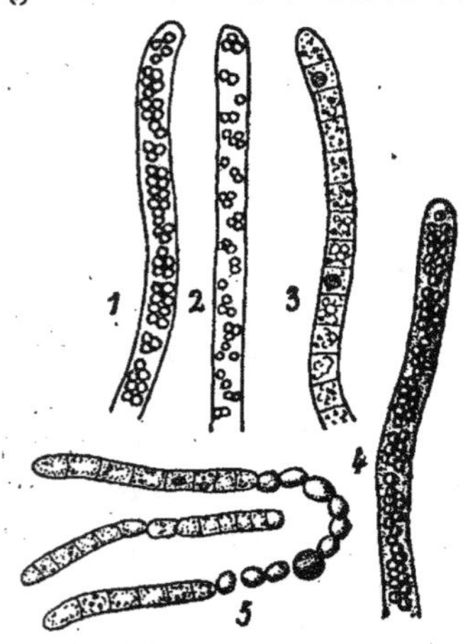

Fig. 20. — B. alba. D'après
WINOGRADSKI.

Le *Beggiatoa alba* Vauch. est l'espèce
qui se rencontre le plus fréquemment
(fig. 20). Il est représenté par des filaments incolores, qui sont fixés ordinairement sans intermédiaire, à des corps
solides, mais qui peuvent s'en détacher
facilement et devenir libres. Leur largeur
varie entre 1 μ. et 5 μ. Ils sont composés
d'articles plus ou moins cylindriques
ou aplatis et discoïdes. Ces filaments
sont mobiles et exécutent des mouvements souvent très étendus, analogues
à ceux des oscillaires vertes. On trouve
encore parmi les sulfuraires d'autres
organismes appartenant les uns au même
genre, les autres au genre Ulothrix qu'on range habituellement
parmi les *Confervacées* (Algues).

Lorsqu'on examine tous ces organismes au microscope, on
remarque dans la masse protoplasmique de petites granulations
foncées, fortement réfringentes. Chaque cellule en renferme une
ou plusieurs suivant sa grosseur. En 1870, Cramer (1) reconnut
que ces granulations sont des granulations de soufre. Elles se

dissolvent dans l'éther, et le sulfure de carbone. Ce fait fut confirmé en 1875 par Cohn (2). Les granulations remplissent fréquemment à un tel point les Beggiatoa qu'elles empêchent de distinguer les cloisons qui séparent les cellules composant le filament. Pour mettre ces cloisons en évidence, on laisse les filaments se dessécher sur le porte-objet du microscope et on ajoute sur la préparation quelques gouttes de sulfure de carbone qui dissout les granulations de soufre.

En étudiant les conditions de développements des Beggiatoa, Cohn fut amené à supposer que ces granulations de soufre et l'hydrogène sulfuré qu'on rencontre dans certaines eaux proviennent de la réduction des sulfates en dissolution dans ces eaux. Il se fondait principalement sur ce qu'en ensemençant des Beggiatoa dans une bouteille d'eau thermale, il se formait au bout de quelque temps de l'hydrogène sulfuré.

Une opinion analogue fut émise et soutenue en 1877 par Plauchud (3). Ce dernier observateur a fait sur ce sujet quelques expériences qui méritent d'être rapportées. Il prît 16 ballons de même capacité (250 gr.). Dans quatre de ces ballons il mit du lignite et divers détritus végétaux. Dans les 12 autres, il introduisit une quantité à peu près égale de sulfuraires bien lavées à l'eau distillée. Il remplit alors tous ces ballons avec la même solution de sulfate de chaux.

Quatre des ballons à sulfuraires furent portés à l'ébullition et, après refroidissement, fermés au chalumeau. Après une semaine, l'eau des huits ballons à sulfuraires non bouillies était fortement chargée d'hydrogène sulfuré, tandis que tous les autres ballons, même après un mois d'attente, ne renfermaient pas trace de ce gaz. Plus récemment (1882) Plauchud a constaté que le chloroforme anesthésiait momentanément les sulfuraires, et que celles-ci reprenaient leur activité après élimination du chloroforme. Aussi a-t-il cru pouvoir conclure de ces différents faits, que les eaux minérales sulfureuses doivent leur formation à la réduction de divers sulfates, réduction effectuée par les sulfuraires qui agissent à la manière des ferments.

Etard et Olivier (4) se sont surtout préoccupés dans leurs recherches de l'origine des granulations de soufre. Ayant fait vivre des Beggiatoa de diverses provenances dans les liquides privés de sulfates, ils ont constaté la disparition de ces granulations ; ils en ont au contraire, observé la formation à l'intérieur des filaments cultivés dans des liqueurs riches en sulfate de chaux. Il se formait en même temps de l'hydrogène sulfuré. Le soufre paraît donc provenir de la réduction du sulfate de chaux. Les mêmes observateurs ont remarqué en outre que les Beggiatoa sont des êtres aérobies. Semés dans un liquide, ils se développent d'abord indifféremment dans toutes les parties, mais ils en abandonnent les régions profondes et se localisent à la surface quand l'oxygène commence à leur manquer.

Il n'était pas possible de tirer de ces recherches de conclusion précise relativement à la question de savoir ce que devient le soufre lorsqu'il disparaît des cellules. C'est un point qu'Olivier a cherché à élucider dans ces derniers temps (5). Résumons brièvement les faits qu'il a publiés sur ce sujet.

Si l'on introduit des sulfuraires dans une bouteille renfermant de l'eau sulfureuse, si après un mois d'attente on évapore le liquide à une douce chaleur, on obtient un résidu qui renferme du sulfocyanate d'ammoniaque, comme le prouvent l'action du perchlorure de fer et celle du réactif de Nessler. On arrive au même résultat lorsqu'on maintient les sulfuraires dans l'eau distillée.

Si dans cette dernière expérience on analyse les produits gazeux formés, on reconnaît qu'ils sont composés uniquement d'acide carbonique et d'hydrogène sulfuré. On constate en outre que les granulations de soufre ont disparu.

Si, enfin, on immerge des sulfuraires préalablement lavées dans de l'eau tenant en solution du chlorure de baryum et renfermée dans un ballon dont l'air a été remplacé par de l'hydrogène, il se dégage de l'hydrogène sulfuré et de l'acide carbonique ; mais il ne se produit pas de précipité dans le liquide, ce qui indique qu'à aucun moment il n'y a eu formation d'acide sulfurique, sans quoi celui-ci eut été précipité par le chlorure de baryum. Quand l'expérience a lieu en présence de l'air, il se fait au contraire de l'acide sulfurique qui provient de l'oxydation de SH.

En résumé, les sulfuraires consommeraient leur soufre en donnant naissance à de l'hydrogène sulfuré et à du sulfocyanate d'ammoniaque qui, d'après Olivier, serait pour ces végétaux un produit de désassimilation comparable à l'urée.

Si on admet ces faits avec toutes leurs conséquences, on est ainsi amené à conclure que dans la formation de l'hydrogène sulfuré en présence des sulfates, le processus est le suivant : 1° réduction complète de l'acide sulfurique et dépôt de soufre ; 2° transformation partielle de ce soufre en hydrogène sulfuré.

Il y a cependant dans cette longue série d'expériences quelques points qui prêtent à la critique. Le principal est que les Beggiatoa n'ont pas été cultivés à l'état de pureté, en sorte que l'ensemble du phénomène pourrait être le résultat des actions différentes et combinées de plusieurs organismes.

Pour ne parler que de la réduction des sulfates, celle-ci peut quelquefois se produire d'une façon indirecte. Hoppe Seyler a constaté en effet (6) que lorsque la cellulose fermente dans une eau chargée de gypse, il se fait de l'hydrogène sulfuré, tandis que dans une eau exempte de sulfate de chaux il se dégage du gaz des marais et de l'acide carbonique. C'est que dans le premier cas le gaz des marais, à l'état naissant, réduit le sulfate.

$$C^2\,H^4 + 2\,(CaO,\ SO^3) = 2\,(CaO,\ CO^2) + 2\,HS + 2\,HO$$

Ne pourrait-on pas supposer que l'hydrogène sulfuré, qui se forme lorsqu'on immerge des Beggiatoa mélangés à diverses matières organiques dans de l'eau séléniteuse, provient par réaction secondaire de la putréfaction de ces matières organiques ? C'est ce que prétend Winogradsky dont les observations diffèrent notablement de celles que nous venons de rapporter (7).

D'après ce botaniste, lorsqu'on introduit des Beggiatoa impurs dans de l'eau chargée de gypse et contenue dans un vase ouvert, l'hydrogène sulfuré ne se dégage qu'au bout de quatre ou cinq jours. A ce moment le liquide est habité par des organismes divers, mais les Beggiatoa ne se multiplient que lorsque la formation de l'hydrogène sulfuré est dans son plein. Si le vase est fermé les Beggiatoa meurent dans les deux premières semaines, alors pourtant que le dégagement d'hydrogène sulfuré se poursuit pendant plusieurs mois. Les Beggiatoa ne prennent donc aucune part à la réduction des sulfates qui est indirectement l'œuvre des organismes de la putréfaction.

Si l'on place les filaments de Beggiatoa dans de l'eau de source exposée à l'air, ils perdent leurs granulations de soufre. Ces filaments peuvent alors servir à étudier l'origine du soufre. Il suffit pour cela d'en cultiver quelques-uns dans l'eau sulfureuse et dans l'eau séléniteuse. Or le soufre ne se dépose dans les cellules que lorsque la culture se fait dans l'eau chargée d'acide sulfhydrique.

Enfin, contrairement aux assertions d'Olivier, ce soufre serait oxydé et transformé en acide sulfurique qui, en présence du carbonate de chaux des eaux naturelles donne immédiatement du sulfaté de chaux et de l'acide carbonique.

En résumé, pour Winogradski, 1° les *sulfo-bactéries* oxydent l'hydrogène sulfuré et en séparent du soufre mou qui se dépose en granules dans l'intérieur de leurs cellules ; 2° elles oxydent ce soufre et en font de l'acide sulfurique qui est immédiatement neutralisé par les carbonates et donne des sulfates ; 3° la production d'hydrogène sulfuré en présence du gypse, attribuée par d'autres observateurs à l'action des Beggiatoa, est un phénomène auquel ces bactéries ne prennent aucune part : elle est le résultat de la putréfaction de la matière organique qui accompagne la semence, putréfaction effectuée par d'autres germes et qui aboutit à une réduction de sulfate de chaux.

Il y a deux faits d'observation qui s'accordent avec la manière de voir de Winogradski. Le premier est que les Beggiatoa se tiennent toujours à la surface des liquides ; elles se trouvent là en rapport avec l'oxygène qui leur est nécessaire pour effectuer l'oxydation du soufre. Le second est que ces organismes n'habitent pas seulement les eaux sulfureuses, mais aussi les eaux séléniteuses dans lesquelles ont lieu des décompositions de matières organiques qui mènent, comme nous l'avons dit, à une formation secondaire d'hydrogène sulfuré.

Il y a, comme on le voit, des réserves à faire sur la place que doit occuper la fermentation sulfhydrique dans la classification des fermentations ; mais de quelque côté que soit la vérité, il n'en reste pas moins acquis que les bactéries jouent un rôle considérable dans la formation des eaux sulfureuses.

CHAPITRE VI

I. — Fermentation acétique.

Lorsqu'on soumet l'alcool à l'action ménagée de certains agents oxydants (bichromate de potasse et acide sulfurique étendu), on obtient un composé, l'aldéhyde acétique, qui constitue un premier degré d'oxydation.

$$\underset{\text{Alcool.}}{C^4\ H^6\ O^2} + O^2 = \underset{\text{Aldéhyde.}}{C^4\ H^4\ O^2} + H^2\ O^2$$

L'aldéhyde est un corps très instable qui s'oxyde au contact de l'air en fournissant de l'acide acétique.

$$\underset{\text{Aldéhyde.}}{C^4\ H^4\ O^2} + O^2 = \underset{\text{Ac. acétique.}}{C^4\ H^4\ O^4}$$

Cette transformation de l'alcool en aldéhyde puis en acide acétique, que nous obtenons par le jeu des forces chimiques, peut se produire à l'aide d'un ferment figuré. Elle constitue alors ce qu'on désigne sous le nom de *fermentation acétique*.

On sait depuis longtemps que les boissons alcooliques, exposées à l'air deviennent du vinaigre, et cette substance, à raison de la facilité avec laquelle elle se produit, doit avoir été connue aussi anciennement que le vin. C'est le fait fondamental sur lequel repose la fabrication du vinaigre.

Les perfectionnements qu'on a apportés successivement à cette fabrication ont d'abord été empiriques. Ils n'ont pris de réelle importance qu'à partir de l'époque où l'on a commencé à avoir quel-

quès premières notions scientifiques sur les conditions du phénomène.

Si l'on se reporte au commencement du siècle, on voit que nos
connaissances sur ce sujet étaient alors fort restreintes. On pensait
bien que l'alcool du vin devrait servir à la formation du vinaigre.
On admettait aussi que l'air favorisait l'acétification ; mais, même
sur ces faits qui sont si clairs aujourd'hui, on était en désaccord.

Cela est si vrai qu'en 1826 la Société de pharmacie de Paris pro-
posait comme sujet de concours : « *La détermination des phénomènes qui accompagnent l'acétification*, » (1) et que, parmi les ques-
tions que la Société désirait voir traitées plus particulièrement,
nous remarquons les suivantes :

1° Déterminer quels sont les phénomènes essentiels qui accompagnent la transformation des substances organiques en acide acétique dans l'acte de la fermentation ?

2° Quelle est l'influence de l'air dans la fermentation acide ? Est-
il indispensable ? Dans ce cas, comment agit-il ? Joue-t-il le même
rôle que dans la fermentation alcoolique, ou bien s'il est absorbé,
devient-il partie constituante de l'acide, ou forme-t-il des produits
étrangers ?

Ce n'est guère qu'entre 1820 et 1830 que la science a été fixée
définitivement sur les changements éprouvés par l'alcool quand il
se change en acide acétique. En 1821, Edmond Davy avait découvert
le noir de platine (2). Il avait constaté que ce produit devenait
incandescent lorsqu'on l'humectait avec de l'esprit de vin et que
dans cette combustion l'alcool fournissait de l'acide acétique.

C'est en utilisant cette propriété que Dœbereiner a pu, deux
années plus tard, étudier théoriquement la transformation de l'alcool en acide acétique (3). Ce dernier chimiste démontra, en effet,
que l'alcool, en absorbant de l'oxygène, donne de l'eau et de l'a-
cide acétique sans dégager d'acide carbonique. En mesurant le
volume d'oxygène absorbé par une quantité déterminée d'alcool,
il parvint à prouver que les élements d'une molécule d'alcool ab-
sorbent 4 équivalents d'oxygène, de sorte que, la composition de
l'acide acétique étant d'ailleurs connue, il était facile d'en conclure qu'il devait se former 1 molécule d'acide acétique et 1 molécule d'eau.

$$C^4 H^6 O^2 + 4 O = C^4 H^4 O^4 + H^2 O^2$$

Les relations quantitatives existant entre l'alcool, l'oxygène absorbé et l'acide acétique formé étant ainsi établies, la question du rôle de l'oxygène de l'air dans la fermentation acétique se trouvait par là même résolue (4).

On a mis plus de temps pour arriver à découvrir la véritable cause de la fermentation acétique. Il y a longtemps qu'on sait qu'à la surface des liquides qui s'acétifient, il se forme un voile mince, velouté, qui augmente peu à peu d'épaisseur. C'est ce voile, bien connu des vinaigriers, qui porte le nom *d'écumes*, de *fleurs de vinaigre*, de *mère du vinaigre* (a). On pensait anciennement que cette sorte d'écume intervenait comme ferment ; mais sur l'autorité de Berzelius (5) on admit que c'est l'acide acétique lui-même qui est le ferment. Cette opinion paraissait d'ailleurs assez en harmonie avec la pratique, puisque dans la fabrication du vinaigre, on ajoute le vin à acétifier à une certaine quantité de vinaigre déjà formé.

La découverte du noir de platine et de ses propriétés a donné ensuite naissance à une troisième hypothèse. En voyant un corps poreux produire la transformation de l'alcool en acide acétique, on en conclut que, dans la fabrication du vinaigre, l'acétification est due aussi à des corps poreux, et l'on supposa que les fleurs de vinaigre agissent simplement comme corps poreux.

Puis la publication du mémoire, où Cagniard-Latour exposait que la fermentation produite par la levûre était due à l'action d'un être vivant, fit naître la pensée que l'acétification n'était aussi qu'un effet dû à ces végétations superficielles. C'est cette pensée qu'on voit exprimée en 1837 par Kützing qui donne en même temps une description assez exacte du ferment acétique (6). Mais, il faut le reconnaître, il n'y avait dans l'assertion de Kützing qu'une idée préconçue sans preuve expérimentale à l'appui. La véritable nature du ferment, les conditions de son développement et de son action n'ont été découvertes que longtemps après par Pasteur.

Description du ferment acétique. (b) Bacterium aceti (Kütz) = Ulvina aceti (Kütz) (7). Il existe plusieurs espèces de bactéries

(a) On appelle également *mère de vinaigre* les tonneaux dans lesquels on fait le vinaigre.

(b) Pasteur, dans ses *Études sur le vinaigre*, p. 11, dit que Persoon en 1822 a désigné cette espèce sous le nom de *Mycoderma aceti*. Hansen dans le mémoire que nous citons plus loin, fait remarquer qu'il n'a pas rencontré ce nom dans les ouvrages de Persoon. J'ai fait également des recherches à cet égard et l'ouvrage le plus ancien que j'ai pu trouver, dans lequel il est fait mention de cette espèce, est celui que je cite au n° (7).

pouvant donner naissance à de l'acide acétique pendant leur développement dans différents milieux : mais le ferment le plus commun, et le plus actif, celui qui intervient toujours dans la fabrication du vinaigre est le ferment étudié par Pasteur sous le nom
de *Mycoderma aceti* (8), que nous classons ici avec Zopf dans le
genre *Bacterium*. Le B. aceti étant d'ailleurs la seule de ces espèces qui soit bien connue, c'est elle que nous aurons toujours en
vue dans ce chapitre. Nous nous bornerons à dire quelques mots
en dernier lieu des autres ferments acétiques signalés par divers
observateurs.

Le B. aceti consiste essentiellement, à l'état normal, en cellules
cylindriques qui ne sont guère plus longues que larges et dont le
diamètre transversal est en moyenne de 1 à 1,5 μ. Ces cellules se
multiplient par allongement et division transversale. Comme les
nouvelles cellules restent souvent réunies entre elles, il en résulte
des chapelets qui paraissent composés de doubles cellules, les
étranglements étant alternativement plus ou moins courts. Quand
le microbe est en couche un peu serrée, on croirait avoir sous les
yeux un amas de petits grains ou de petits globules ; mais cette
apparence n'est surtout prononcée que quand la préparation est
vieille.

Cette forme de bactéries, en cellules presque rondes, est souvent
accompagnée de cellules allongées dont quelques-unes sont fusi-
formes ou renflées de manière à dépasser en diamètre dans leur
plus grande largeur de quatre fois les cellules ordinaires et même
davantage. Il ne serait pas possible de rapporter ces cellules renflées à celles qui sont plus petites si ces deux formes ne se trou-
vaient réunies dans un même filament, soit alternant, soit passant de l'un à l'autre par tous les intermédiaires possibles (9)
(fig. 21).

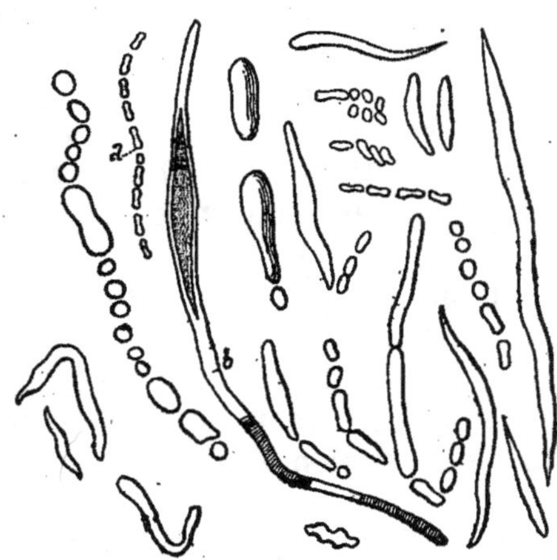

Fig. 21. — B. Aceti et B. Pasteurianum
(d'après HANSEN).

Tous ces chapelets finissent par se rejoindre et forment à la surface du liquide, un voile gris, velouté dont la consistance est différente suivant l'âge du ferment. Tout d'abord ce voile se déchire facilement. Une baguette de verre qu'on enfonce dans le liquide perce le voile et emporte, en se retirant, des fragments qui s'en séparent pour s'étaler à la surface d'un nouveau liquide où on la plonge. En vieillissant, le voile s'épaissit de plus en plus, se ride et devient plus difficile à briser. On peut l'enlever tout entier en une seule fois. Ce groupement particulier des cellules du B. aceti provient de ce que les membranes cellulaires se sont gélifiées extérieurement et soudées entre elles. On donne comme on sait le nom de Zooglée à ces sortes de groupements chez les bactéries.

La formation du voile, telle que nous venons de la décrire, n'a lieu que lorsque l'ensemencement des liquides alcooliques s'est fait à la surface.

Si les germes se trouvent primitivement séparés dans toute la masse du liquide, ce qui arrive par exemple lorsqu'on mélange du vinaigre à du vin, il en résulte un mode de développement particulier du ferment. Au lieu de former à la surface une pellicule mince et grasse, il se présente sous la forme d'une peau gélatineuse immergée qui s'épaissit et tombe au fond du vase lorsqu'elle est devenue trop lourde. Cette peau est ensuite remplacée par une nouvelle formation semblable et ainsi de suite, jusqu'à ce que le liquide soit complètement épuisé de ses éléments assimilables.

Besoins alimentaires du ferment acétique ; substances fermentescibles ; produits de la fermentation acétique. — On se procure aisément de la semence de B. aceti en abandonnant au contact de l'air un liquide à la fois alcoolique et acide, par exemple un mélange de 1 partie de vin rouge ou blanc avec 2 parties d'eau et 1 partie de vinaigre. Ce qui est important, c'est que le liquide contienne environ 1 1/2 à 2 p. 0/0 d'acide acétique, et à peu près autant d'alcool et qu'il soit pauvre en matières organiques.

La bière (1 vol. pour 1 vol d'eau et 1 vol. de vinaigre), l'eau de levûre (a) (100 parties pour 1 ou 2 d'acide acétique et 3 ou 4 d'alcool) sont des milieux également très propres au développement du ferment acétique.

Les germes du microbe se trouvent dans les poussières que l'air charrie et tombent à la surface de ces liquides. Ou bien ils existent déjà dans le vinaigre employé. D'autres fois, d'après Duclaux (10) c'est la mouche du vinaigre (Musca cellaris L.), mouche qui vit sur les liquides vinaigrés, qui transporte la semence d'un liquide à l'autre.

De même que le ferment alcoolique, le ferment acétique peut se développer dans des milieux exclusivement minéraux, par exemple dans un liquide ne renfermant que des phosphates d'ammoniaque, de magnésie, de potasse et de chaux, de l'alcool et de l'acide acétique. C'est là le fait principal sur lequel Pasteur s'est appuyé pour démontrer que dans la fermentation acétique, les matières albuminoïdes ne sont pas nécessaires et par conséquent ne constituent pas le ferment, comme on l'avait supposé, mais n'en sont que l'aliment.

L'aliment hydrocarboné par excellence du ferment acétique, la susbtance fermentescible est l'alcool, et le produit principal de la fermentation est l'acide acétique.

On peut admettre que la réaction se passe en deux temps :

$$(1) \quad \underbrace{C^4 H^6 O^2}_{\text{Alcool.}} + O^2 = \underbrace{C^4 H^4 O^2}_{\text{Aldéhyde.}} + H^2 O^2$$

$$(2) \quad \underbrace{C^4 H^4 O^2}_{\text{Aldéhyde.}} + O^2 = \underbrace{C^4 H^4 O^4}_{\text{Ac. acétique.}}$$

Par le fait, il est possible de déceler l'aldéhyde dans le vinaigre au cours de sa fabrication. Il a été également constaté que lorsque l'arrivée de l'air est insuffisante, il se forme des quantités notables d'aldéhyde (11).

Suivant Naegeli il se formerait aussi de très petites quantités d'acide carbonique et d'eau (12). Mais cette production doit sans

(a) Décoction de levûre en pâte ; 50 gr. dans un litre d'eau.

doute être rapportée à l'action ultérieure du ferment sur l'acide acétique formé. Pasteur a démontré en effet, que le B. aceti possède la propriété d'oxyder lentement l'acide acétique en donnant de l'acide carbonique et de l'eau.

Enfin, on trouve encore dans les produits de la fermentation un peu d'éther acétique, qui résulte de la réaction réciproque de l'alcool sur l'acide acétique.

D'après des recherches récentes de Adrian Brown (13), le B. aceti peut être cultivé à l'état de pureté dans des milieux renfermant, au lieu d'alcool ordinaire, de l'alcool propylique normal; celui-ci est changé en acide propionique. Les alcools méthylique, isobutylique et amylique ne sont pas attaqués.

Parmi les hydrates de carbone, le sucre de canne, l'amidon, le sucre de lait et le lévulose résistent à son action. Au contraire, le glucose est transformé en acide gluconique, fait signalé déjà par Boutroux en 1880 (14).

$$\underbrace{C^{12} H^{12} O^{12}}_{\text{Glucose.}} + O^2 = \underbrace{C^{12} H^{12} O^{14}}_{\text{Ac. gluconique.}}$$

Il ne se forme ni alcool, ni acide volatil durant cette fermentation.

Si enfin on ensemence le B. aceti dans une solution de mannite, il se forme, comme produit principal, du lévulose. C'est là une observation très intéressante; comme on peut passer du glucose à la mannite en hydrogénant le premier de ces deux corps à l'aide de l'amalgame de sodium, on voit que le B. aceti fournit le moyen de convertir le glucose en lévulose (13).

Circonstances qui favorisent ou entravent le développement du ferment acétique. Le ferment acétique ne se développe pas à une température inférieure à 10°. Son activité croît jusque 20 et 30°; elle s'affaiblit ensuite et cesse vers 35°; mais la bactérie n'est tuée qu'aux environs de 50° (15).

Le B. aceti est un organisme essentiellement aérobie et a besoin de proportions assez grandes d'oxygène pour vivre et se développer. Le produit auquel il donne naissance (l'acide acétique), étant d'ailleurs un produit d'oxydation de la substance fermentescible (l'alcool), il va de soi que la présence de l'oxygène est nécessaire pour que la fermentation soit régulière. Toute cause capable de supprimer cet oxygène ou d'en diminuer la proportion est par conséquent une cause capable d'arrêter ou d'affaiblir la fermentation.

L'affaiblissement de la fermentation a lieu en quelque sorte mécaniquement lorsque l'aération des liquides est insuffisante. Mais fréquemment, lorsqu'après ensemencement du ferment du vinaigre dans un liquide alcoolique, la fermentation acétique ne prend pas, s'arrête ou diminue d'activité, cela peut tenir à l'existence, dans les liquides, d'organismes dont le développement vient contrarier celui de la bactérie acétique.

L'un de ces organismes est le Mycoderma vini Desm.. Morphologiquement il ressemble aux levûres ; mais, physiologiquement il est tout différent. Il se développe spontanément sur le vin rouge et particulièrement sur le vin rouge nouveau. D'après M. de Seynes les cellules du M. vini produisent des endospores (16) quand on le fait vivre dans un milieu pauvre en matières alimentaires et même exclusivement aqueux. Ces endospores ont, comme on l'a vu, une autre signification que celles des Saccharomyces.

Lorsqu'on a ensemencé un vin avec le B. aceti et qu'il a commencé à former un voile, il n'est pas rare de voir la surface envahie par le M. vini dont le voile épais et rugueux refoule le voile mince et velouté du premier et finit par le couler au fond du liquide.

La fermentation acétique se trouve ainsi arrêtée, car le B. aceti submergé n'acétifie pas.

Le M. vini est aussi un organisme aérobie, qui détermine l'oxydation des substances dissoutes dans les liquides qu'il recouvre. Il agit sur différentes matières hydrocarbonées et sur plusieurs accides organiques. Mais il ne nous intéresse ici que par l'action qu'il exerce sur l'alcool et l'acide acétique.

Avec l'alcool, il détermine une combustion complète ; il le transforme en acide carbonique et eau sans donner naissance à des produits intermédiaires.

$$C^4 H^6 O^2 + 12 O = 2 C^2 O^4 + 3 H^2 O^2$$

C'est à cette action que doit être attribuée la diminution de force alcoolique et la saveur place que prennent les vins en vidange, dans un tonneau mal bouché.

Avec l'acide acétique, il en est de même. Il y a aussi combustion complète.

La présence de M. vini peut donc nuire à une fermentation

acétique de plusieurs manières : en submergeant le B. aceti qui ainsi ne se trouve plus en contact avec l'oxygène de l'air ; en détruisant l'alcool et l'acide acétique formé. Mais la facilité de développement des deux organismes ensemencés dans un même liquide dépend dans une mesure très étroite, de la proportion d'acide. Si dans de l'eau alcoolisée ou ajoute 2 p. 0/0 d'acide acétique, le B. aceti se développe seul (17). C'est précisément pour cela que dans la composition des liquides de culture, dont nous avons donné la formule, entre toujours une assez forte proportion d'acide acétique.

Il existe un autre organisme dont la présence nuit à la fermentation acétique. Cet organisme appartient au règne animal : c'est un tout petit nématode qui porte le nom d'*anguillule du vinaigre*, Anguillula aceti. Les anguillules, qu'on voit si fréquemment dans les vinaigres et qui envahissent quelquefois les tonneaux des vinaigreries, ne peuvent vivre en dehors de l'action de l'air. Aussi tendent-elles toujours à se rapprocher du niveau supérieur des liquides. On comprend dès lors aisément « que les bactéries du vinaigre et les anguillules doivent se contrarier sans cesse dans les tonneaux, puisque ces deux productions vivantes ont chacune un impérieux besoin du même aliment et qu'elles habitent le même lieu » (18).

On a fait peu de recherches sur l'influence des composés chimiques sur la fermentation acétique. Nous signalerons seulement les suivantes.

L'alcool, qui est l'aliment fermentescible par excellence, doit cependant être en proportions assez faibles (10 p. 0/0). Lorsqu'au liquide en fermentation on ajoute de l'alcool concentré qui s'étale à la surface, la fermentation est irrégulière, l'oxydation incomplète. Il se fait divers produits à odeur suffocante, parmi lesquels domine l'aldéhyde. Il en est de même si on ajoute au liquide de l'alcool méthylique ou de l'alcool amylique. Cette variation dans le fonctionnement du ferment correspond à une altération dans sa constitution morphologique : le voile se déchire et tombe au fond du vase.

L'acide sulfureux tue le B. aceti. De là vient la pratique de conserver le vin, pour en empêcher l'acétification, dans des tonneaux où l'on a brûlé des mèches soufrées.

Applications. Le ferment acétique, comme on sait, sert industriellement à transformer le vin en vinaigre. Nous ne pouvons rapporter en détail les différents procédés de fabrication du vinaigre. Il nous suffira, en prenant spécialement pour exemple le procédé qui a été imaginé par Pasteur à la suite de ses recherches sur la fermentation acétique, de montrer que le succès de cette fabrication repose sur l'utilisation des connaissances théoriques que nous venons d'exposer.

Le procédé Pasteur, réduit à ses caractères essentiels, revient à étaler en surface le liquide alcoolique, à ensemencer à sa surface le B. aceti, et à maintenir les vases qui le renferment à une température convenable, pas trop basse pour que le ferment se développe bien, pas trop élevée pour que l'action ne dépasse pas le but en devenant trop énergique, et que l'évaporation n'enlève pas trop de l'alcool de la liqueur.

On emploie des cuves peu profondes dans lesquelles on met, sous une épaisseur de 20 à 25 centimètres, des mélanges de 2 de vin et 1 de vinaigre provenant d'une opération précédente. L'ensemencement se fait en enfonçant dans une cuve en marche une spatule de porcelaine qui se charge de portions de voile. En la rapportant dans la cuve nouvelle, ces portions se détachent, s'étalent à la surface et en deux ou trois jours à 15° l'envahissement est complet.

Ces cuves sont munies de couvercles. Deux petites ouvertures pratiquées aux extrémités d'un diamètre assurent l'aération constante du liquide. Quand la fermentation est en train, on ajoute chaque jour de petites quantités de vin, et comme il est important que le voile ne soit pas déchiré, l'addition se fait par le fond au moyen d'un dispositif spécial.

Il est indispensable de ne pas laisser la plante manquer d'alcool, car nous savons que son activité se porterait alors sur l'acide acétique.

Quand l'action se ralentit, on laisse la fermentation s'achever à peu près complètement et on soutire le vinaigre ; on recueille la membrane, on la lave et on obtient ainsi un liquide un peu acide et azoté capable de servir ultérieurement. Dans ce procédé il n'y a jamais développement d'anguillules.

Dans le procédé d'Orléans, on opère dans des tonneaux de 200 à 400 litres que l'on remplit au tiers de vinaigre aussi limpide que possible ; on ajoute 10 à 12 litres de vin et on ensemence comme ci-dessus. On soutire à des intervalles convenables une partie du liquide que l'on remplace par du vin. L'opération se fait dans des celliers dont la température est maintenue entre 25 et 30°. L'aération est assurée par deux trous diamétralement opposés, placés à la partie supérieure du tonneau. En somme, les liquides sont ici en couches plus épaisses que dans le procédé Pasteur, aussi l'acétification marche-t-elle beaucoup plus lentement.

Enfin, dans le procédé dit *allemand* ou de Schützenbach, on augmente la surface de contact de la solution alcoolique avec l'air en présence du ferment en faisant couler lentement le liquide sur des copeaux de hêtre ensemencés de B. aceti. Ces copeaux sont placés dans des tonneaux, que traverse un courant d'air et que l'on maintient à une température voisine de 30°. L'acétification est rapide ; mais en raison de la température élevée, et du courant d'air il se produit des pertes notables d'alcool (20 à 25 p. 0/0).

Théorie de la fermentation acétique. Nous avons vu que l'analogie existant entre l'oxydation de l'alcool par la mousse de platine et cette même oxydation en présence du ferment acétique avait donné naissance à une hypothèse d'après laquelle le ferment agirait simplement comme un corps poreux. Cette hypothèse a été reprise en dernier lieu par Liebig qui s'est toujours refusé à voir dans la fermentation acétique un acte physiologique. Le savant allemand pensait que le champignon du vinaigre pouvait être remplacé par d'autres substances organiques à grande surface, et en 1870, il invoquait encore, pour défendre sa thèse, l'exemple des copeaux de hêtre du procédé Schützenbach qui, disait-il, n'étaient ni recouverts ni pénétrés d'un ferment organisé et par conséquent, n'avaient pu agir que par leur porosité (19).

Il est reconnu aujourd'hui qu'il y avait là une erreur d'observation. Ces copeaux sont, non pas le ferment, mais le support du ferment ; ils multiplient les surfaces et rendent plus facile l'oxydation (15).

On peut d'ailleurs prouver directement que le copeau n'a aucune action oxydante. Si on dépose une pile de copeaux dans un tube cylindrique dont l'air peut se renouveler constamment, si ensuite on laisse couler lentement sur ces copeaux, au sommet de la colonne, un liquide alcoolique comme celui des vinaigreries allemandes, on trouve que le titre acétique du liquide ne varie pas, malgré le passage à grande surface au contact de l'air. Mais ensemence-t-on le liquide avec un peu du ferment du vinaigre, les germes s'arrêtent sur les copeaux et la fermentation commence.

Il est donc bien établi que la fermentation acétique est un acte spécial au B. aceti. Mais quel est le mécanisme par lequel la bactérie du vinaigre peut ainsi provoquer l'oxydation de l'alcool ? D'après Pasteur cet organisme « aurait la faculté de condenser l'oxygène de l'air à la manière du noir de platine et de porter cet oxygène sur les matières sous-jacentes » (20). En réalité, la théorie de Pasteur se rapproche beaucoup de celle de Liebig. La seule différence consiste en ce que le premier ne concède l'action oxydante qu'à des organismes vivants alors que le second l'accorde à des matières organiques inertes.

Ad. Mayer et V. Knieriem sont allés plus loin dans cette question et ont montré que l'action du B. aceti est bien un phénomène biologique spécial, qui ne peut pas être rapporté uniquement à l'état physique de la plante. En effet, toute cause qui nuit à la végétation de la bactérie arrête la formation de l'acide acétique. Ainsi une température de 50° arrête l'acétification, non pas que la structure du ferment soit sensiblement modifiée mais parce que le végétal est tué. La fermentation cesse lorsque le liquide renferme de 10 à 13 p. 0/0 d'acide, parce qu'à cette concentration l'acide nuit à la végétation de l'organisme.

Au contraire, la formation d'acide acétique à l'aide de la mousse de platine peut être obtenue à des températures plus élevées, et presque pour toute concentration de l'alcool.

Existence de plusieurs espèces de ferments acétiques. — On a décrit dans ces dernières années plusieurs espèces de bactéries possédant, comme celle dont nous venons de faire l'histoire, mais en général à un moindre degré, la propriété de transformer l'alcool en acide acétique. Nous citerons :

Le *Micrococcus oblongus* Boutroux (14). Cette bactérie est dans sa jeunesse plus grosse que la bactérie du vinaigre. En vieillissant, sa grosseur diminue. Elle forme un voile sans tenacité qui se disloque à la moindre agitation. Elle a été trouvée dans la bière.

Le *Bacterium Pasteurianum* Hansen (9, fig. 21). Ce Bacterium diffère du B. aceti seulement en ce qu'il se colore en bleu par l'iode. A été trouvé dans la bière.

Duclaux, Mayer, Wurm, Macé (21) ont signalé plusieurs autres espèces de ces organismes, mais sans leur donner de nom particulier. Il est probable que, comme les espèces de levûres, les espèces de ferments acétiques sont très nombreuses.

II. — Fermentation nitrique. — Nitrification.

Le salpêtre (azotates de potasse, de chaux ou de soude), est abondant dans la nature. L'azotate de potasse se rencontre effleuri à la surface du sol de certains pays, pendant la saison sèche, notamment au Bengale, en Égypte, à Ceylan. L'azotate de soude existe au Pérou en bancs d'une étendue considérable et l'azotate de chaux constitue la majeure partie des efflorescences salpêtrées qui se forment sur les murailles humides des écuries ou des caves. Enfin on peut produire artificiellement le salpêtre en mélangeant des terres meubles, contenant de la potasse et de la chaux, avec des matières organiques en voie de décomposition (fumier). On construit avec ce mélange des murs étroits que l'on garantit de l'eau du ciel par un toit : on les humecte fréquemment avec de l'urine. Les nitrates formés viennent s'effleurir sur la face du mur la plus exposée aux vents.

L'importance industrielle du salpêtre a fait rechercher depuis longtemps quelles étaient les causes de la formation naturelle ou artificielle de ce produit. La théorie à laquelle s'étaient ralliés la plupart des chimistes reposait sur l'expérience suivante due à Kuhlmann.

Lorsqu'on fait arriver un mélange d'air et de gaz ammoniac dans un tube renfermant de la mousse de platine légèrement chauffée, celle-ci devient incandescente et il se forme de l'azotate d'ammoniaque. Sous l'influence d'un corps poreux, le gaz ammoniac se brûle donc à 300° environ au contact de l'air. Dans la nature, pensait-on, ce sont encore les corps poreux qui jouent le rôle de nitrificateur, mais alors à la température ordinaire. Ainsi dans une écurie, le carbonate d'ammoniaque, provenant de la fermentation de l'urée, se répand dans l'atmosphère et éprouve sous l'influence du mur (qui est le corps poreux) et de l'air une transformation semblable à celle qui a lieu dans l'expérience de Kuhlmann. Même explication pour les terres nitrées : Ces matières organiques fournissant de l'ammoniaque et la terre servant de corps poreux.

Cette théorie, comme on le voit, ressemble à celle qu'on avait tout d'abord acceptée pour expliquer la transformation de l'alcool en acide acétique dans la fabrication du vinaigre. L'analogie existant entre l'acétification et la nitrification a fait supposer que le dernier phénomène devait également avoir pour cause un ferment organisé. C'est en effet ce qu'ont démontré Schlœsing et Müntz. Ces savants ont découvert un organisme qui, placé dans des conditions convenables, nitrifie l'ammoniaque. Ils lui ont donné le nom de *ferment nitrique* (1).

Ferment nitrique. — Le ferment nitrique de Schlœsing et Müntz ressemble au ferment acétique ; mais il est plus petit. Ce sont de petits corpuscules brillants, arrondis ou légèrement allongés. Les dimensions sont variables dans la même préparation ; les contours sont fins et nets, le contenu homogène.

Ils paraissent se multiplier par bourgeonnement ; on les voit fréquemment sous la forme de globules accolés deux à deux.

Ce ferment existe abondamment dans la terre végétale, surtout dans les terrains riches en nitrates. On le trouve en général dans les eaux qui contiennent des matières organiques ; les eaux d'égout par exemple. Schlœsing et Müntz ne l'ont pas rencontré dans l'air ; ils n'ont jamais pu ensemencer l'eau d'égout stérilisée en y introduisant la poussière de plusieurs mètres cubes d'air. Peut-être cette absence du ferment nitrique dans l'air est-elle attribuable à la dessiccation qui le tue.

Conditions de développement du ferment nitrique. Pour le cultiver, on se sert d'un matras à fond plat et de grand diamètre dans lequel on dispose, en couche très peu épaisse, un liquide nutritif. Celui-ci se trouve ainsi en contact avec l'oxygène de l'air sur une large surface. Le ferment nitrique est en effet un être aérobie qui ne paraît pas pouvoir vivre longtemps sans oxygène.

Le liquide nutritif peut être une solution aqueuse d'un sel ammoniacal renfermant des éléments minéraux et carbonés propres à fournir au microbe les matériaux d'organisation de ses tissus. Il ne faut pas qu'il y ait trop de matières organiques ; autrement le liquide serait envahi par d'autres ferments qui disputeraient la place au ferment nitrique et paralyseraient son action.

On peut employer comme matières organiques les substances carbonées les plus diverses ; notamment le sucre, la glycérine, l'alcool, l'acide tartrique, l'albumine, etc., aussi bien que les débris organiques, ou l'humus du sol. De l'eau d'égout filtrée et stérilisée par un chauffage à 110 degrés constitue un excellent terrain de culture. Une légère alcalinité des milieux est nécessaire. C'est pour cela que dans un liquide dont l'ammoniaque est à l'état de chlorhydrate, il convient d'ajouter une petite quantité de carbonate de chaux qui donne de l'azotate de chaux. Les carbonates alcalins produisent le même résultat ; mais lorsque leur degré de concentration dépasse 2 à 5 millièmes, ils deviennent nuisibles, ou même arrêtent complètement l'action du ferment nitrique.

Quant à la semence du végétal, bien qu'on puisse la rencontrer dans des milieux très divers, il est préférable de l'emprunter à la terre arable dont une parcelle donnera presque toujours une culture féconde.

Actions des agents physiques et des antiseptiques sur le ferment nitrique (1 et 2). D'après Warington, la lumière arrête la nitrification ou plutôt la ralentit considérablement.

Comme toutes les réactions qui dépendent du développement d'êtres organisés, la nitrification s'effectue entre des limites de températures déterminées. Au-dessous de 5 degrés, elle est très faible, sinon tout à fait nulle. Elle devient appréciable vers 12 degrés. En continuant à élever la température, on constate que les quantités de nitrate formé croissent rapidement. A 37° le maximum est atteint et l'activité du phénomène dix fois plus grande qu'à 14°. A partir de 37° il y a une diminution rapide, et toute fermentation cesse à 55° (40° d'après Warington). Le ferment est tué à 100°.

Le ferment nitrique est très sensible à l'action des antiseptiques. Le chloroforme d'après Schloesing et Müntz, le sulfure de carbone d'après Warington arrêtent son action qui reprend lorsque ces corps ont disparu. L'acide phénique, à un moindre degré, possède la même propriété.

Substances fermentescibles ; *produits de la fermentation*. Les composés sur lesquels le ferment nitrique exerce principalement son action sont les sels ammoniacaux. Il oxyde ces corps en les transformant en produits azotés oxygénés.

Bien que l'acide azotique soit le produit habituel d'une bonne fermentation nitrique, l'oxydation de l'azote ne va pas toujours jusque-là. On peut également observer la formation des nitrites. Dans le sol cette formation est rare. Elle est plus fréquente dans les milieux liquides de culture. Toutes choses égales d'ailleurs, les liquides placés sous une épaisseur de 1 à 2 millimètres ne donnent que des nitrates, lorsque, sous une épaisseur plus grande, ils donnent des *nitrites* en abondance. Il se produit également des *nitrites* lorsque la température est peu élevée (inférieure à 20°). On peut dire en résumé qu'il y a formation de nitrites quand les conditions de température et d'aération sont peu avantageuses.

La concentration de la solution ammoniacale paraît aussi jouer un rôle dans ce phénomène. Ainsi, l'acide azoteux se produit de préférence dans les dissolutions concentrées dont on élève la température.

Peut-être la nitrification se produit-elle en deux phases successives ? la première aboutissant à l'acide nitreux, la seconde correspondant à la transformation des nitrites en nitrates ? Le phénomène serait en quelque sorte parallèle à l'acétification dans laquelle l'alcool s'oxydant donne de l'aldéhyde, qui s'oxyde à son tour et donne de l'acide acétique.

Quoiqu'il en soit, les azotites qui se forment quelquefois dans le cours d'une fermentation nitrique se changent à leur tour en nitrates lorsque l'ammoniaque a entièrement disparu (2).

L'ammoniaque n'est pas le seul corps que le ferment nitrique peut oxyder. Müntz a constaté que lorsqu'on introduit de l'iodure de potassium ou du bromure de potassium dans un liquide en fermentation nitrique, il y a oxydation de l'iodure et du bromure et formation d'iodate et de bromate de potasse (3). Ces faits ont une très grande importance dans la théorie de la formation des gisements de nitrate de soude du Chili.

Théorie de la formation des nitrières naturelles et artificielles. Avec ce que nous venons d'apprendre sur les propriétés du ferment nitrique, nous pouvons nous rendre compte des conditions de formation du salpêtre dans les nitrières naturelles ou artificielles.

Nous avons vu que l'oxygène est indispensable à la vie et au fonctionnement du ferment nitrique ; nous trouvons là l'explication d'une condition essentielle des nitrières, où l'air, circulant par les interstices et par les pores de la terre, doit toujours être en excès. La porosité du sol, en multipliant les surfaces, favorise l'oxydation.

Si la terre vient à être noyée, la nitrification cesse. Il faut pourtant une certaine dose d'humidité ; sans quoi le ferment interrompt son action tant que la sécheresse dure. Le fait était bien connu pratiquement, puisque dans l'*Instruction sur l'établissement des nitrières* publiée en 1777, il est recommandé pour les arrosages d'urines de les faire « plus fréquents qu'abondants ».

Pour les nitrières artificielles, on employait des terres meubles renfermant du carbonate de chaux. Ces terres convenaient parfaitement : la matière organique s'y trouve sous une forme déjà élaborée par les ferments des substances azotées et par là même moins capable d'en nourrir de nouveaux. Le champ est alors plus libre pour le ferment nitrique. Quant au carbonate de chaux, nous savons que sa présence est nécessaire au développement du ferment.

Il nous reste à expliquer l'origine des gisements naturels de salpêtre. Il nous suffira pour cela de résumer les recherches que Müntz et Marcano ont publiées récemment sur ce sujet (4 et 5).

I. *Terres nitrées.* Les terres nitrées sont très abondantes dans diverses parties du Vénézuéla, sur les contreforts des Cordillères, dans les vallées du bassin de l'Orénoque, ainsi que sur le littoral de la mer des Antilles. Dans toutes ces terres on rencontre du phosphate de chaux, et de la matière organique azotée. Le nitre s'y trouve toujours à l'état de nitrate de chaux.

Elles sont surtout abondantes aux voisinages des cavernes qui servent de refuge à des oiseaux ou à des chauves-souris. Les déjections de ces animaux s'accumulent et forment de véritables gisements de guano qui débordent au dehors. Là où elles se trouvent en contact avec la roche calcaire, et où l'accès de l'air est suffisant, le ferment nitrique se développe rapidement. Celui-ci est plus gros que le ferment observé par MM. Schlœsing et Müntz. L'ammoniaque qui se nitrifie provient de la décomposition des matières animales. Ces nitrates ont donc une origine purement animale. Les terres à nitre de l'Inde qui se forment autour des villages, là où se dispersent les déjections des habitants, ont une origine semblable.

II. *Gisements de nitrate de soude.* Ces nitrates que l'on rencontre sur la côte du Pacifique, à la limite du Pérou et du Chili, renferment de l'iode surtout à l'état d'iodate, du brome à l'état de bromate et du chlorure de sodium. Nous savons que l'iode et le brome se trouvent en proportion notable dans la mer, et ailleurs seulement à l'état de traces. Leur présence dans les nitres, ainsi que celle du sel marin, montrent donc que la mer est intervenue. Si l'iode et le brome sont à l'état de combinaisons oxygénées, c'est une preuve de plus que la formation de ces gisements a eu lieu sous l'influence du ferment nitrificateur. Il a été établi en effet par Müntz que l'iodure et le bromure de potassium sont transformés sous son action en iodate et en bromate.

Cela nous apprend en outre que les éléments de la mer ont dû se trouver mélangés aux produits nitrifiables avant la nitrification; le ferment a oxydé simultanément l'azote, le brome et l'iode. Si la mer était intervenue postérieurement à la nitrification, on ne trouverait que des iodures et des bromures.

Il n'est guère probable que ces nitres aient été formés à l'état de nitrate de soude. Par analogie avec ce qui a été dit des terres nitrées, on doit supposer qu'ils étaient d'abord à l'état de nitrate de chaux. La présence du chlorure de sodium nous explique encore comment ce nitrate s'est changé en nitrate de soude.

Lorsqu'on laisse évaporer un mélange de sel marin et de nitrate de chaux, il y a double décomposition et formation de nitrate de soude et chlorure de calcium. Mais tandis que pour les terres nitrées la présence de phosphate de chaux indique clairement que leur nitre résulte de la nitrification des substances azotées contenues dans des matières d'origine animale (déjections d'oiseaux ou guano), il y a absence de phosphate dans les nitrates de soude naturels. Comment ce phosphate a-t-il disparu ? D'après Muntz les nitrates de soude ne se sont pas formés là où ils existent actuellement; ils ont été entraînés par les eaux, alors que les sels les moins solubles comme le phosphate de chaux sont restés sur le lieu de formation.

Pour nous résumer, supposons qu'un important gisement de

guano soit recouvert par les eaux de la mer, puis que ces eaux emprisonnées par quelque mouvement du sol s'évaporent peu à peu au contact de la matière azotée. Les sels de l'eau de mer n'ayant pas d'influence sur le fonctionnement du ferment nitrique, celui-ci se développera et donnera naissance à du nitrate de chaux qui deviendra du nitrate de soude, ainsi qu'à des iodates et à des bromates. Admettons maintenant que le gisement soit de nouveau envahi par les eaux et que celles-ci s'écoulent dans un autre endroit, elles laisseront le phosphate de chaux insoluble, mais entraîneront les nitrates, iodates et bromates qui cristalliseront là où ces eaux s'évaporeront.

BIBLIOGRAPHIE DE LA PREMIÈRE PARTIE

I. — INTRODUCTION

(1) Schützemberger : Article *Fermentations. Dictionnaire de Würtz,* t. I, p. 1440.

(2) Cagniard-Latour. Journal *l'Institut,* 1835, 3e année, p. 133.

(3) Cagniard-Latour. Mémoire sur la fermentation vineuse. *Comptes rendus,* IV, 1837, p. 905. De 1835 à 1837, Cagniard-Latour a publié plusieurs notes relatives à cette question ; on les trouvera résumées dans le Journal *l'Institut.*

(4) Schwann. Vorlæufige Mittheilung, betreffend Versuche über die Weingæhrung und Fæulniss. *Poggend. Ann.* 1837, XLI, p. 184.

(5) Fr. Kützing. Microscopische Untersuchungen über die Hefe und Essigmutter nebst mehreren andern dazugehœrigen vegetabilischen Gebilden, *Journ. f. prakt. Ch.* XI, 1837, p. 385.

(6) Pasteur. Mémoire sur la fermentation alcoolique. *Annales de ch. et de phys.* [3], LVIII, 1860, p. 359.

(7) Berthelot. Sur la fermentation glucosique du sucre de canne. *Comptes rendus,* 1860, L. p. 980.

(8) Dubrunfaut. Note sur quelques phénomènes rotatoires et sur quelques propriétés des sucres. *Comptes rendus,* 1846, XXIII, p. 38.

(9) A. Béchamp. Sur la fermentation alcoolique. *Comptes rendus,* 1864, LVIII, p. 601.

(10) Payen et Persoz. Mémoire sur la diastase, etc. *Ann. de ch. et de phys.* [2], t. LIII, 1833, p. 73.

(11) Lechartier et Bellamy. Étude sur les gaz produits par les fruits. — Note sur la fermentation des fruits. *Comptes rendus,* LXIX, 1869, p. 356 et 466 ; t. LXXV, 1872, p. 1203 et LXXIX, 1874, p. 949 et 1066.

(12) Müntz. Sur la fermentation alcoolique intra-cellulaire des végétaux. *Comptes rendus,* LXXXVI, 1878, p. 49 et *Ann. de ch. et de phys.* XIII, 1878, p. 543 [5].

(13) Pasteur. Influence de l'oxygène sur le développement de la levûre et sur la fermentation alcoolique. *Bulletin des séances de la Soc. chim.,* 1861, p. 79.

(14) A. Dastre et Em. Bourquelot. De l'assimilation du maltose. *Comptes rendus,* XCVIII, 1884, p, 1604.

(15) Em. Bourquelot. Recherches sur la fermentation alcoolique d'un mélange de deux sucres. *Société de biologie,* 1885 et *Ann. de chim. et de phys.* [6], 1886, p. 245.

(16) Duclaux. *Microbiologie,* 1883, p. 18.

(17) Raulin. Études chimiques, sur la végétation. Recherches sur le développement d'une mucédinée dans un milieu artificiel. *Thèse pour le Doctorat ès-sciences,* 1870, p, 111.

II. — DES FERMENTATIONS PRODUITES PAR LES FERMENTS SOLUBLES

(1) A. Béchamp. Sur la fermentation alcoolique. *Comptes rendus,* LVIII, 1864, p. 601.

(2) Berthelot. Sur la fermentation glucosique du sucre de canne. *Comptes rendus,* L, 1860, p. 980.

(3) A. Béchamp. Sur la matière albuminoïde ferment de l'urine. *Comptes rendus,* LX 1865, p. 445.

(4) Payen et Persoz. Mémoire sur la diastase, etc. ; *Ann. de ch. et de phys.* [2], LIII, 1833, p. 73.

(5) Pasteur et Joubert. Sur la fermentation de l'urine. Réponse à M. Berthelot. *Comptes rendus,* LXXXIII, 1876, p. 10.

(6) W. Kühne. Erfahrungen und Bemerkungen über Enzyme und Fermente. (*Unters. phys. Inst. Heidelberg,* I, 1878, p. 291.

(7) Sig. Kirchoff. Ueber die Zuckerbildung beim Malzen des Getreides etc. ; *Schweigger's Journ.* XIV, 1815, p. 389. — Mém. lu à l'Académie de St-Pétersbourg, le 30 déc. 1814.

(8) Dubrunfaut. D'après Duclaux : *Microbiologie,* p. 124.

(9) Payen et Persoz. Mémoire sur l'amidon et suite de recherches sur le diastase. *Ann. de chim. et de phys.* [2], LVI, 1834, p. 337. Note sur le dernier mémoire de M. Guérin-Varry. (Payen) *Même recueil.* [2], LX, 1835, p. 441.

(10) Ad. Mayer. *Die Lehre von den chemischen Fermenten,* 1882 p. 3.

(11) Leuchs. Ueber die Verzuckerung des Stærkemehls durch Speichel ; *Kastner' Arch. f. d. ges. Naturlehre,* 1831.

(12) Miahle. De la digestion et de l'assimilation des matières sucrées. *Comptes rendus,* XX, 1845, p. 954.

(13) Berzelius. Lehrbuch t. III, 1840, p. 218.

(14) Bouchardat et Sandras. Des fonctions du pancréas et de son influence sur la digestion des féculents. *Comptes rendus,* XX, 1845, p. 1085.

(15) Donath. Ueber den invertirenden Bestandtheil der Hefe. *Ber d. d. chem. Gesellsch.* VIII, 1875, p. 795.

(16) Cl. Bernard. *Revue scientifique,* XI, 1873, p. 1062. Digestion du sucre de canne.

(17) Em. Bourquelot. *Recherches sur les phénomènes de la digestion chez les Céphalopodes,* 1885, p. 61.

(18) Robiquet et Boutron. Nouvelles expériences sur les amandes amères etc. *Ann. de ch.* XLIV, 1830, p. 352.

(19) Liebig et Wœhler. Ueber die Bildung des Bittermandelœls. *Annalen der Pharmacie,* XXII 1837, p. 1.

(19 bis) Robiquet. Société de pharmacie. Séance du 2 mai 1838. *Journal de pharmacie,* XXIV, 1838, p. 326.

(20) Simon. Cité par Bougarel : *De l'amygdaline* ; thèse, 1877, p. 41.

(21) Bussy. Note sur la formation de l'huile essentielle de moutarde. *Comptes rendus,* IX, 1839, p. 815

(22) Th. Schwann. Ueber das Wesen des Verdauungsprocesses. *Poggendorf's Annalen,* XXXVIII 1836, p. 358.

(23) W. Kühne. *Verhandl. naturhist. med. Ver.* (N. S.) Heidelberg, t. 1. Citation empruntée à Emmerling ; *Handwœrterbuch d. Chem.* t. IV, p. 116 1887.

(24) Lehmann. Physiologische Chemie. Leipsig. 1850.

(25) Em. Bourquelot. Ouvrage cité plus haut, p. 85.

(26) Ad. Baginski. Ueber das Vorkommen und Verhalten einiger Fermente. *Zeitschr. f. phys. Chem.* VII, 1883, p. 209.

(27) Duclaux. Mémoire sur le lait. *Annales de l'institut national agronomique*, 1879-1880, p. 61.

(28) A. Würtz et E. Bouchut. Sur le ferment digestif du Carica papaya ; *Compt. rend.* LXXXIX, 1879, p. 425.

(29) Ad. Mayer. *Die Lehre von den chemischen Fermenten*, 1882, p. 6.

(30) Pasteur. Mémoire sur les corpuscules organisés qui existent dans l'atmosphère. *Ann. de ch. et de phys.* [3], LXIV, 1862, p. 52.

(31) Van Tieghem, Recherches sur la fermentation de l'urée et de l'acide hippurique. *Thèse*, 1864.

(32) Musculus. Sur le ferment de l'urée. *Comptes rendus*, LXXXII, 1876, p. 333.

(33) Pasteur et Joubert. Sur la fermentation de l'urine, *Comptes rendus*, LXXXIII, 1876, p. 5.

(34) Fremy. *Ann. de chim. et de phys.* [3] XXIV, p. I.

(35) Schunk. *Phil. mag.*, [4] t. XII, p. 200 et 270.

(36) Green. *Pharm. Journ. trans.*, [3], 1888, n° 931, p. 904 par. *Archiv der Pharm.*, [3], XXVI, 1888, p. 613.

(37) J. Lintner. Studien über Diastase. *Journ. f. prakt. Chem.*, XXXIV, 1886, p. 378.

(38) Würtz. Sur la papaïne. *Comptes rendus*, XC, 1880, p. 379 et XCI, 1880, p. 787.

(39) F. Soxhlet. Darstellung haltbarer Labflüssigkeiten. *Milchzeitung*, 1877, n°s 37 et 38.

(40) A. Petit. *Recherches sur la pepsine*, 1881, p. 26.

(41) Duclaux. *Microbiologie*, p. 146.

(42) Wittich. Ueber eine neue Methode zur Darstellung künstlicher Verdauungsflüssigkeiten. *Pflüger's Archiv*, II, 1869, p. 193.

(43) Brücke. Beitraege zur Lehre von der Verdauung. *Wien. Akadem. Sitzungsb.* XLIII. (2. Abth.), 1861, p. 601.

(44) Hirscheld. Ueber die chemische Natur der vegetabilischen Diastase. *Arch. f. d. ges. Phys.*, XXXIX, 1886, p. 499.

(45) Winkler. *Repert. Pharm.* [2] XVI, p. 327.

(46) Lehmann. *Jahresb. f. Pharmacogn.* 1874, p. 196.

(47) Hesse. Ueber das Verhalten der Lœsungen einiger Substanzen in polarisirtem Licht. — Amygdalinzucker. *Liebig's Annalen*, CLXXVI, 1875, p. 114.

(48) Tiemann et Haarmann. Ueber das Coniferin, etc. *Ber. d. d. chem. Gesellsch.*, VII, 1874, p. 608.

(49) Piria. Recherches sur la salicine. *Ann. de chim. et de phys.* [3], XIV, 1845, p. 257.

(50) H. Will. Ueber einen neuen Bestandtheil des weissen Senfsamens, *Wien. Akad.*, *Sitzungsb.* LXI, 1870 (Abth. 2), p. 178.

(51) Will et Kœrner. *Liebig's Annalen*, CXIX p. 376 et CXXV p. 257.

(52) Guérin-Varry. Mém. concernant l'action de la diastase sur l'amidon de pomme de terre. *Ann. de ch. et de phys.*, LX, 1835, p. 31

(53) J. Baranetzky. *Die stærkeumbildenden Fermente in den Pflanzen.* Leipzig. 1878.

(54) Brown et Héron. Beitraege zur Geschichte der Stærke und der Verwandlungen derselben. *Liebig's Annalen*, CIC, 1879, p. 165.

(55) Brücke. Studien über die Kohlehydrate, etc. *Wien. Akad. Sitzungsb.* LXV, (Abth. 3) 1872, p. 126.

(56) Em. Bourquelot. Sur la séparation et le dosage du glycogène dans les tissus. *Journ. des Connaissances médicales.* Mars 1884.

(57) Henninger. Nature chimique des peptones, *Thèse*. Paris, 1878.

(58) G. Otto. Beitraege zur Kenntniss der Umwandlung von Eiweisstoffen durch Pancreasferment. *Zeitschr. f. phys. Chem.* VIII, 1884, p. 129.

(59) Karl Mays. Ueber die Wirkung von Trypsin in Sæuren, etc. *Unters. a. d. physiol. Inst. d. Univ. Heidelb.*, 1880, p. 378.

(60) Em. Bourquelot. Sur les caractères pouvant servir à distinguer la pepsine de la trypsine. *Journ. de Pharm. et de Chim.* [5], X, 1884, p. 177.

(61) Em. Bourquelot. Sur les propriétés de l'invertine. *Journ. de pharm. et de chim.* [5], VII, 1883, p. 131.

(62) Em. Bourquelot. De l'identité de la diastase chez les différents êtres vivants. *Comptes rendus des séances de la Soc. de Biologie* [8], II, 1885, p. 73.

(63) J. Kjeldahl. Nogle Jagttagelser over Invertin. *Medd. fra Carlsberg Laborat.* I, 1881, p. 331.

(64) O. Lœw. Ueber die chemische Natur der ungeformten Fermenté. *Pflüger's Archiv,* XXVII, 1882, p. 203.

(65) J. Kjeldahl. Recherches sur les ferments producteurs de sucre. *Medd. fra Carlsberg Laborat.* I, 1879, p. 121. Résumé français.

(66) O' Sullivan. Action de l'extrait de malt sur l'amidon : *Moniteur scientifique,* [3], VI, p. 1218, 1876.

(67) Em. Bourquelot. Sur les caractères de l'affaiblissement éprouvé par la diastase sous l'action de la chaleur. *Annales de l'Institut Pasteur,* 1887, p. 336.

(68) Finkler. Pflüger's Archiv. XIV, 1877, p. 128.

(69) Bouchardat. Sur la fermentation saccharine ou glucosique, *Ann. de chim. et de phys.* [3], XIV, 1845, p. 61.

(70) Müntz. Sur les ferments chimiques et physiologiques, *Comptes rendus.* LXXX, 1875, p. 1250.

(71) Ch. Bougarel. De l'Amygdaline. (*Thèse inaugurale*) 1877, p. 44.

(72) W. Detmer. Ueber den Einfluss der Reaction Amylum, etc. *Zeitschr. f. phys. Chem.* VII, 1882-83. p. I.

(73) Dumas. Sur les ferments appartenant au groupe de la diastase. *Comptes rendus,* LXXV, 1872, p. 295.

(74) O. Nasse. Bemerkungen zur Physiologie der Kohlehydrate, *Pflüger's Archiv.* XIV, 1877, p. 475.

(75) Bouchardat. Mémoire sur les fermentations benzoïque, saligénique et phlorétinique. *Comptes rendus,* XIX, 1844, p. 601.

(76) Schaer. Ueber die Verænderung der Eigenschaften der Fermente durch Salicylsæure, etc. *J. f. prakt. Chem.* XII, 1876, p. 123.

(77) Leyser. *Der Bayrische Bierbrauer,* 1869, p. 30. D'après Kjeldahl (65).

(78) Ch. Richet. Du suc gastrique chez l'homme et les animaux. *Thèse pour le doctorat ès sciences,* 1878, p. 116.

(79) Chittenden et E. Smith. The diastatic action of saliva, as modified by various conditions, studied quantitatively. *Chemical News,* t. LIII, 1836, p. 109, 111, etc.

(80) Danilewski. *Centralbl. f. d. med. Wiss.* 1880. Indication empruntée à Chittenden et E. Smith.

(81) J. R. Duggan. Ueber die Bestimmung diastatischer Wirkung. *Ber d. d. chem. Gesellsch.* 1886. Ref. p. 104. Tiré de *Amer. chem. Journ.* VII, p. 306.

(82) L. Wolberg. Einfluss einiger Salze und Alkaloïde auf die Verdauung. *Pflüger's Archiv.,* XXII, 1880, p. 291.

(83) Chittenden et Cummins. Influence of bile on amylolytic and proteolytic action. *Chem. News.* LI, 1885, p. 258, 265 et 279.

(84) Paschutin. *Reichert's Archiv.* 1871, p. 305.

(85) Grützner. *Pflüger's Archiv.* XII, 1876, p. 301.

(86) Em. Bourquelot. Recherches relatives à la digestion chez les mollusques céphalopodes. *Comptes rendus,* 4 décembre 1882.

(87) Würtz. Sur le mode d'action des ferments solubles. *Comptes rendus,* XCIII, 1881 · 1104.

(88) Naegeli. Theorie der Gæhrung, 1879, p. 27.

BIBLIOGRAPHIE DE LA DEUXIÈME PARTIE

FERMENTS ORGANISÉS

NOTIONS GÉNÉRALES DE MORPHOLOGIE

Moisissures

(1) Max Reess. *Bot. Unters. über die Alkoholgæhrungspilze*, p. 52. Leipzig, 1870.

(2) Fitz. Ueber die alkoholische Gæhrung durch Mucor mucedo. *Berichte d. d. ch. Gesellsch.* VI, 1873, p. 48.

Id. durch Mucor racemosus. *Même recueil*, VIII, 1875, p. 1540.

(3) Pasteur. *Études sur la bière*. Paris, 1876, p. 126.

(4) Gayon. Sur l'inversion et sur la fermentation du sucre de canne par les moisissures. *Bull. Soc. chim.* XXXI, 1879, p. 139.

Sur la fermentation produite par le Mucor circinelloïdes. *Ann. de ch. et de phys.* [5] t. XIV, 1878, p. 258.

(5) Bail. Mitth. über das Vorkom. und die Entwick. einig. Pilzform. Danzig, 1867, p. 7.

(6) Van Tieghem. Fermentation gallique, *Ann. des sc. nat.* (Botanique), VIII, 1868, p. 290.

(7) L. Marchand. Organisation de l'Hygrocrocis arsenicus Breb. *Comptes rendus*, LXXXVII, 1878, p. 761.

Levûres

(1) Max Reess. Ouvrage déjà cité p. 10. Pl. I, fig. 15 et 16 etc.

(2) Persoon. *Mycologia Europaea.* I. p. 96, 1822.

(3) Meyen. *Wiegmann's Archiv.* 4e année, tome 2, 1837.

(4) Turpin. Mém. sur la cause et les effets de la ferment. alcoolique et acéteuse. *Comptes rendus.* VII, 1838, p. 379.

(5) Kützing. *Phycologia generalis.* 1843, p. 148.

(6) Bonorden. *Handbuch der allg. Mykologie.* 1851, p. 33.

(7) Hansen. Les ascospores chez le genre Saccharomyces. *Comptes rendus du lab. de Carlsberg.* II, 1883, p. 13.

(8) L. Engel. Les ferments alcooliques. *Thèse pour le Doct. ès. sc. nat.*, 1872, p. 15.

(9) Pasteur. *Études sur la bière*, Paris, 1876, p. 204.

(10) Hansen. Les voiles chez le genre Saccharomyces. *Comptes rend. du lab. de Carlsberg.* Résumé français, II, 1886, p. 107.

(11) Hansen. Action des ferments alcooliques sur les diverses espèces de sucre. *Comp. rend. du lab. de Carlsberg*. Rés. franç. II, 1888, p. 142.

(12) Louis Marx. Les levûres des vins. *Moniteur scientifique*. [4], II, 1888, p. 1273.

(13) Hansen. Recherches faites dans la pratique de l'industrie de la fermentation. *Comp. rend. du lab. de Carlsberg*. Rés. franç. II, 1888, p. 168.

(14) De Seynes. Sur le mycoderma vini. *Comptes rendus* 13 juillet 1868, et *Recherches sur les végétaux inférieurs*. 3e fascicule 1885, p. 25, Paris.

Bactéries

(15) L. Marchand. *Botanique cryptogamique*. Les ferments, Paris 1883.

De Bary. *Leçons sur les bactéries*. Trad. franç. Paris, 1886.

FERMENTATION ALCOOLIQUE

(1) Pasteur. *Études sur le vin, ses maladies*, etc., 2e éd. Paris, 1873.
    Études sur la bière. Paris 1876.
Schützemberger. *Les fermentations*. Paris, 1879.
L. Marchand. *Botanique cryptogamique*. Paris, 1883, 2e partie : *Les ferments*.
Duclaux. *Microbiologie*. Paris, 1883.
Ad. Mayer. *Lehrbuch d. Gæhrungschemie*. Heidelberg, 1874.
Dr Flügge. *Les microorganismes*, trad. franç., Bruxelles, 1887. Bibliog. p. X et XXV.

(2) Nægeli et Lœw. Ueber die chemische Zusammensetzung der Hefe. *Sitzungsb. d. Bayer. Ak. d. Wiss*. 4 mai 1878, p. 161.

(3) Schlossberger. Ueber die Natur der Hefe mit Rücksicht auf die Gæhrungserscheinungen. *Liebig's Annalen*, LI, 1844, p. 193.
    Pasteur. Nouveaux faits concernant la fermentation alcoolique. *Comptes rendus*, XLVIII, 1859, p. 640.

(4) Leo Errera. Epiplasme des Ascomycètes et glycogène chez les végétaux. *Thèse*, Bruxelles, 1882.

(5) Hoppe-Seyler. Ueber die Constitution des Eiters. *Med. chem. Untersuch*. 1866, page 500.

(6) Hoppe-Seyler. Ueber Lecithin und Nucleïn in der Bierhefe. *Zeitschr. f. phys. Chemie*. II, 1879, p. 427.
    Ueber Lecithin in der Hefe. id III, 1879, p. 374.
    A. Kossel. Ueber das Nucleïn der Hefe. id III, 1879, p. 284, et IV, 1880, p. 290.

(7) Pasteur. Mém. sur la fermentation alcoolique. *Ann. de chim. et de phys*. [3], LVIII, 1860, p. 359.

(8) Ad. Mayer. Unters. über die alkoholische Gæhrung etc. Heidelberg, 1869.

(9) Duclaux. Sur l'absorption d'ammoniaque et la production d'acides gras volatils pendant la fermentation alcoolique. *Ann. de l'Écol. norm. sup*. t. II, 1866.

(10) Kiliani. Ueber Identitæt von Arabinose und Galactose. *Ber. d. d. ch. Gesellsch*. XIII, 1880, p. 2304.
    Koch. *Pharm. Zeit. f. Russland*, XXV, 1886, p. 764 et 767.

(11) Em. Bourquelot. Recherches sur le galactose et l'arabinose. *Ass. franç. pour l'av. des sciences*. 1887.
    Sur la fermentation alcoolique du galactose. *Journ. de pharm. et de chim*. [5], XVIII, p. 367, 1888.

(12) Tollens et Stone. Ueber die Gæhrung der Galactose. *Ber. d. d. chem. Ges*. XXI, 1888, p. 1572.

(13) Duclaux. Fermentation alcoolique du sucre de lait. *Ann. de l'Inst. Pasteur.*, I, 1887, p. 573.

(14) Dubrunfaut. Sur une propriété analytique etc. *Ann. de chim. et de phys.* [3], t. XXI, 1847, p. 169.
Note sur le sucre interverti. *Comptes rendus*, XLII, 1866, p. 901.

(15) Em. Bourquelot. Fermentation alcoolique d'un mélange de deux sucres. *Ann. de chim. et de phys.* [6], IX, 1886, p. 245.

(16) Roux. Sur une levûre cellulaire qui ne sécrète pas de· ferment inversif. *Bull. de la Soc. chim.*, 1881, XXXV, p. 371.

(17) Hansen. Sur le S. apiculatus et sa circulation dans la nature. Hedwigia, 1880, p. 75. *Comptes rendus des trav. du lab. de Carlsberg*, 1, 1881, p. 159.

(18) Em. Bourquelot. Rech. sur les propriétés physiologiques du maltose. *Journ. de l'anat. et de la phys.*, 1886.

(19) Schmidt. *Handwœrt. der Chem.*— Liebig, 1re édit., III, p. 224, 1847.

(20) Béchamp. Sur l'acide acétique et les acides gras volatils de la fermentation alcooiquè. *Comptes rendus*, 1863, LVI, p. 969, 1086 et 1231.

(21) Henninger.· Sur la présence de l'isobutylglycol dans un vin. *Comptes rendus*, XCV, 1882, p, 94.

(22) Dieck et Tollens. Ueber die Kohlenhydrate, etc. *Ann. Chem. Pharm.*, CXCVIII, p. 254.

(23) C. Amthor. Ueber den Sacch. apiculatus. *Zeits. f. phys. Ch.*, XII, 1888, 558.

(24) Blankenhorn et Moritz. *Ann. d. Œnologie*, III ; d'après Duclaux. *Microbiologie.*

(25) Regnard. Influence des divers agents physiques sur la fermentation alcoolique. *Société de Biologie* (8), III, 1886, p. 197.

(26) Dumas. Recherches sur la fermentation alcolique. *Ann. de ch. et de phys.* (5), III, 1874, p. 57.

(27) A. Petit. Sur les substances antifermentescibles. *Comptes rendus*, LXXV, p. 881.

(28) Neubauer. Sur l'action antifermentescible de l'acide salycilique. *Mon. scient.*, mars et septembre 1875, septembre 1877.

(29) P. Bert èt Regnard. Action de l'eau oxygénée sur les fermentations. *Comptes rendus*, XCIV, 1882, p. 1383.

(30) Regnard. Action des antiseptiques sur la fermentation alcoolique. *Soc. de Biologie* (8), IX, 1887, p. 455.

(31) Edme Bourgoin. *Traité de pharmacie galénique*, 2e édit., 1888, p. 207.

(32) H. Mayet. Étude pratique sur la fermentation du suc de groseilles. *J. de ph. et de ch.* (4) XXI, 1875, p. 48.

(33) Pasteur. *Études sur la bière*, 1876, p. 251.

(34) Schützemberger. *Les fermentations*, Paris, 1879, p. 106.

(35) Hansen. Influence de l'introduction de l'air atmosphérique dans le moût, etc. *Compt. rend. du lab. de Carlsberg.* I, 1879, p. 88.

(36) Pedersen. Influence de l'introd. de l'air atmosph. dans le moût. *Comptes rendus du lab. de Carslberg*, I, 1878, p. 38.

(37) Béchamp. De l'influence de l'oxygène sur la ferm. alcool. par la levûre de bière. *Comptes rendus*, LXXXVIII, 1879, p. 430.

(38) Berthelot, Cochin, Pasteur. Discussion sur la fermentation alcoolique. *Comptes rendus*, LXXXVII, LXXXVIII et LXXXIX.

FERMENTATION LACTIQUE

(1) Berzelius. Ueber die Milchsæure. *Ann. d. Phys. und Chem.*, XIX, 1830, p. 26.

(2) Braconnot. Sur un acide particulier qui se développe dans les matières acescentes. *Ann. de Chimie*, LXXXVI, 1813, p. 84.

(3) Frémy et Boutron. Recherches sur la fermentation lactique. *Ann. de chim. et de phys.* (37), II, 1841, p, 271.

(4) Pelouze et Gelis. Mémoire sur l'acide butyrique. *Ann. de chim. et de phys.* [3], X, 1844, p. 437.

(5) Pasteur. Mémoire sur la fermentation appelée lactique. *Ann. de ch. et de phys.* [3], LII, 1858, p. 404.

(6) Remak. *Canstatt's Jahresbericht*, I, 1841, p. 7. D'après Schützemberger : Les Fermentations : p. 163.

(8) Zopf. Die Spaltpilze, Breslau, 1883, p. 65.

(9) Boutroux. Sur la fermentation lactique. *Comptes rendus de l'Acad. des sc.*, LXXXVI, 1878, p. 605.

(10) R. Pirotta et G. Riboni. *Studii sul Latte*. Milano, 1879.

(11) F. Hueppe. Unters. über d. Zersetzung d. Milch durch Mikroorganismen. *Mittheil. aus d. Reichsgesundheitsamt.* II, 1884, 309.

(12) Em. Bourquelot. Sur le non dédoublement préalable du saccharose et du maltose dans leur fermentation lactique. *Journ de pharm. et de ch.*, [5], VIII, 1883, p. 420.

(13) Berthelot. Sur la fermentation alcoolique. *Ann. de chim. et de phys.*, [3] L. 1857, p. 322.

(14) C. Flügge. *Les micro-organismes.* — Traduction de Henrijean. Bruxelles, 1887, p. 259 et 450 d'après Boutroux et Hueppe.

(15) Maly. Ueber die Entst. der Fleischmilchs. durch Gæhrung. *Ber. d. d. chem. Gesellsch.*, VII, 1874, 1568.

(16) Hilger. Vorkommen des Inosits im Pflanzenreiche, etc. *Ann. d. Ch. und Pharm.* CLX, p. 336.

(17) Duclaux. *Microbiologie*, Paris, 1883, p. 528.

(18) Ch. Richet. De la fermentation lactique du sucre de lait. *Comptes rendus*, LXXXVI, 1878, p. 550.

— De quelques conditions de la fermentation lactique. *Comptes rendus* LXXXVIII, 1879, p. 750.

(19) Herm. Meyer. Ueber das Milchsæureferment und sein Verhalten gegen Antiseptica. *Inaug. Diss.* Dorpat, 1880.

(20) Biel. Untersuchungen über den Kumys und den Stoffwechsel wæhrend der Kumyskur. Rostock, 1874.

— Ueber Kumys. *Zeitschr. d. allg. Osterr. Apotheker Vereines,* 10 mars 1874. Vieth. Kumis. *Arch. der Pharm.*, 1885, p. 389.

(21) Em. Bourquelot. Les microbes de la fermentation lactique du lait. Le képhir. *Journ. de pharm. et de chim.* [5], XIII, 1886, p. 195.

E. Kern. Ueber ein neues Milchferment aus dem Caucasus. *Bull. de la Soc. imp. des Nat. de Moscou*, 1881, n° 3.

H. Krannhals. Ueber das Kumys-æhnliche Getrænk « Kephir » und über den Kephir-Pilz. Deutsch. Arch. f. klin. Med. XXXV, 1884, p. 18. — Ce mémoire renferme un résumé des travaux sur le képhir publiés en langue russe. —

F. Cohn. Ueber Kephir. — *Sitz. Prot. der Schles. Gesellsch. f. vaterl. Kult.* in Breslau, 13 décembre 1883.

H. Struve. Ueber Kephir. *Ber. d. d. chem. Gesellsch.*, XVII, p. 314, 1884.

J. Polak. Ueber Kephir. *Deutsche med. Ztg.*, V, 1884, p. 50.

J. Théodoroff. Historische und experimentelle Studien über den kephir. *Verh. der phys. medicin. Gesellsch.* zu Würzburg, 1886.

Kosta Dinitch. Le Képhir. *Thèse* pour le doct. en médecine. Paris, 1888.

FERMENTATION AMMONIACALE

(1) Fourcroy et Vauquelin. Premier mémoire sur l'urine. *Annales de chimie*, XXXI, p. 57.

(2) Fourcroy et Vauquelin. Deuxième mémoire pour servir, etc. *Annales de chimie*, XXXII, p. 152.

(3) Dumas. *Traité de chimie*, t. VI, p. 380 (1843).

(4) Jacquemart. Note sur la fermentation urinaire. *Annales de chim. et de phys.* [3], VII, 1843, p. 149.

(5) Müller. Ueber Conservirung des menschlichen Harns. *J. f. prakt. Chemie*, LXXXI, 1860, p. 452.

(6) Pasteur. Mémoire sur les corpuscules organisés, etc. *Ann. de ch. et de phys.* [3], LXIV, 1862, p. 52.

(7) Van Tieghen. Recherches sur la fermentation de l'urée et de l'acide hippurique. *Thèse pour le doctorat ès-sciences physiques.* Paris, 1864.

(8) Jaksch. Studien über den Harnstoffpilz. *Zeit. f. phys. Ch.* V, 1881, p. 395.

(9) Dumas. Sur la composition de l'urée. *Ann. de chim. et de phys.* [2], XLIV, 1830, p. 273.

(10) Dessaignes. Nouvelles recherches sur l'acide hippurique, etc. *Ann. de chim. et de phys.* [3], XVII, 1846, p. 50.

(11) Flügge. *Les Microorganismes.* Traduction française. Bruxelles, 1887, p. 130.

(12) Miquel. Recherches sur le bacille ferment de l'urée. *Bullet. de la Soc. chim.*, XXXI, 1878, p. 391, et XXXII, 1879, p. 126.

(13) Leube. Ueber die ammoniakalische Harngæhrung. *Virch. Arch.*, C. p. 540.

FERMENTATION BUTYRIQUE

(1) Pelouze et Gélis. Mémoire sur l'acide butyrique. *Ann. de chim. et de phys.* [3], X, 1844, p. 434.

(2) Pasteur. Animalcules infusoires vivant sans oxygène libre et déterminant des fermentations. *Comptes rendus*, LII, 1861, p. 344.

(3) Trécul. Production de plantules amylifères dans les cellules végétales pendant la putréfaction. *Comptes rendus*, LXI, 1865, p. 432. — Réponse à trois notes de M. Nylander concernant la nature des Amylobacter, LXV, 1867, p. 513.

(4) Van Tieghem. Identité du Bacillus amylobacter et du Vibrion butyrique. *Comptes rendus*, LXXXIX, 1879, p. 5.

(5) Reinke et Berthold. Die Zersetzung der Kartoffel durch Pilze. Berlin, 1879.

(6) A. Prazmowski. Ueber die Identitæt des Bacillus amylobacter mit dem Butterssæureferment. *Bot. Zeit.*, XXXVI, 1879, p. 409.

(7) A. Prazmowski. Untersuchungen über die Entwickelungsgeschichte und Fermentwirkung einiger Bacterien-Arten. Leipzig, 1880, p. 34.

(8) Pasteur. Etudes sur la bière. Paris, 1876, p. 282.

(9) Bert. Influence de l'air comprimé sur les fermentations. *Comptes rendus*, LXXX, 1875, p. 1579.

(10) A. Fitz. Ueber Spaltpilzgæhrungen. *Ber. d. d. ch. Gesellsch.*, XV, 1882, p. 870.

(11) Van Tieghem. Sur le Bacillus amylobacter et son rôle dans la putréfaction des tissus végétaux. *Bull. de la Soc. bot. de France*, XXIV, 1877, p. 119.

(12) Van Tieghem. Sur la fermentation de la cellulose. *Comptes rendus*, LXXXVIII, 1879, p. 205.

(13) Flügge. *Les microorganismes*. Traduction française de Henrijean. Bruxelles, 1887, p. 264.

FERMENTATION SULFHYDRIQUE

(1) Cramer. Chem. phys. Beschreibung der Thermen von Baden in der Schweiz. Von Dr. ch. Müller, 1870, d'après Winogradsky.

(2) F. Cohn. Unt. üb. Bacterien, II. *Beitr. z. Biol. d. Pfl.*, t. I, Heft 3, 1875, p. 141.

(3) Plauchud. Sur la réduction des sulfates par les sulfuraires. *Comptes rendus*, 29 janvier 1877 et 26 décembre 1882.

(4) Etard et L. Olivier. De la réduction des sulfates par les êtres vivants. *Comptes rendus*, XCV, 1882, p. 846.

(5) L. Olivier. Expériences physiologiques sur les organismes de la glairine et de la barégine. Rôle du soufre contenu dans leurs Cellules. *Comptes rendus*, CVI, 1888, p. 1744, et 1806.

(6) Hoppe Seyler. Ueber die Gæhrung der Cellulose, etc. *Zeitschr. f. phys. Chemie*, X, 1886, p. 401.

(7) S. Winogradsky. Ueber Schwefelbakterien. *Botanische Zeitung*, 1887, p. 489.

FERMENTATION ACÉTIQUE

(1) Concours sur l'acétification de l'alcool, question proposée par la société de pharmacie de Paris. — Rapport de Guibourt, Paris, 1833.

(2) Edmond Davy. *Journal de Schweigger*, t. I, de l'année 1821, p. 340. Ueber verschiedene neue Verbindungen des Platins.

(3) Dœbereiner. Neu entdeckte merkwürdige Eigenschaften des Platinsuboxyds... etc. *Journal de Schweigger*, VIII, nouvelle série, 1823, p. 321.

(4) J. Liebig. Ueber die Theorie des Essigbildungsprocesses. *Annalen der Pharmacie*, XXI, 1837, p. 113.

(5) Berzélius. *Traité de chimie*, 1829, 1833, t. VI, p. 552.

(6) Fr. Kützing. Microscopische Untersuchungen über die Hefe und Essigmutter... etc. Die Essigmutter. *Journ. f. prakt. Chem.* XI, 1837, p. 390, pl. II, fig. VI et VII.

(7) Fr. Kützing. Algarum aquæ dulcis germaniæ decades. I à XVI, XIe décade. *Herbier et texte*, 1833-1836.

(8) Pasteur. Mémoire sur la fermentation acétique. *Annales scient. de l'École normale supérieure*, I, 1864.

(9) Chr. Hansen. Mycoderma aceti Kütz. et Mycoderma Pasteurianum nov. sp. *Comptes rendus du Lab. de Carlsberg*, I, 1879, p. 96.

(10) Duclaux. Microbiologie. Paris, 1883, p. 505.

(11) Magne-Lahens. *Journal de pharmacie et de chimie*, XXVII, p. 37.

(12) Flügge. Les Microorganismes. Trad. française de Henrijean. Bruxelles 1887, p. 470.

(13) Adrian Brown. *The chemical action of pure cultivations of* Bacterium aceti. *Chemical News*, L III, 1886, p. 55.

(14) Boutroux. Sur une fermentation nouvelle du glucose. *Thèse pour le doctorat ès-sciences*, 1880, p. 30.

(15) Ad. Mayer et Knieriem. *Landwirthsch. Versuchsstat.*, XVI, 1873, p. 305. Ueber die Ursache der Essiggæhrung.

(16) De Seynes. Sur le Mycoderma vini. *Comptes rendus*, 13 juillet 1868.

(17) E. Wurm. Fabrication du vinaigre au moyen des bactéries. *Dinglers polyt. journal,* CCXXXV, 1880, p. 225. D'après Duclaux.

(18) Pasteur. Études sur le vinaigre.

(19) Liebig. Ueber die Gæhrung, etc. *Ann. der Ch. und Pharm.*, CLIII, 1870, p. 137.

(20) Pasteur. Réponse aux critiques de M. Liebig. *Ann. de ch. et de phys.* [4], t. XXV, 1872, p. 148.

(21) E. Macé. Traité pratique de bactériologie, Paris 1889, p. 539.

FERMENTATION NITRIQUE

(1) Schlœsing et Müntz. Nitrification par des ferments organisés.
Comptes rendus, t. LXXXIV, 1877, p. 301.
— LXXXV, 1877, p. 1018.
— LXXXVI, 1878, p. 892.
— LXXXIX, 1879, p. 891 et 1074.

(2) R. Warington. I. On Nitrification.
Partie I, *Journ. of the chem. Soc.* XXXIII. 1878, p. 44.
Partie II, — XXXV, 1879, p. 429.
— II. Alterations in the properties of the nitric ferment by cultivation, *Chem. News*, XLIV, 1881, p. 207.

(3) Müntz. — I. Sur l'oxydation de l'iode dans la nitrification naturelle. *Journ. de ph. et de ch.* [5], XII, 1885, p. 26.
— II. De quelques faits d'oxydation et de réduction produits par les organismes microscopiques du sol. *Comptes rendus*, CI, 1885, p. 248.

(4) Müntz et Marcano. Formation des terres nitrées dans les régions tropicales. *Comptes rendus*, CI, 1885, p. 65.

(5) Müntz. Recherches sur la formation des gisements de nitrate de soude. *Ann. de ch. et de phys.* [6], XI, 1887, p. 111.

TABLE DES MATIÈRES

INTRODUCTION

PREMIÈRE PARTIE

DES FERMENTATIONS PRODUITES PAR LES FERMENTS SOLUBLES

DEUXIÈME PARTIE

DES FERMENTATIONS PRODUITES PAR LES FERMENTS ORGANISÉS

Imp. G. Saint-Aubin et Thevenot, Saint-Dizier. 30, passage Verdeau, Paris.